ちくま文庫

# 犬《きみ》がいるから

村井理子



筑摩書房

# 犬《きみ》がいるから

# はじめに

物心ついた時から、犬は私の側にいました。小学生の頃、学校が終わり家に戻ると、そこには必ず犬がいて、尻尾を振って私を出迎えてくれたことを鮮明に覚えています。犬たちと過ごした時間は、何十年も経過した今でも、宝物のように私のなかに残っています。

結婚してからは、三頭の犬を飼い、すべての子を見送り、そしてもう犬は飼うまいと考えました。犬という愛すべき存在を失うことの辛さに、二度と耐えられないと感じたからです。でも、やっぱり諦めることができませんでした。どうしてももう一度、犬と暮らしたいという思いが募ったのです。しかしまさか、とんでもなく怪力で、桁外れにやんちゃな黒ラブがわが家にやってくることになるとは、夢にも思っていませんでした。

職業は翻訳家です。専門はいつの間にやらノンフィクションになりましたが、ジャンルを問わず、本は大好きです。家族は会社員の夫と双子の息子で、来年には中学生になります。思春期を迎えつつある男児二人と、元気な黒ラブ一頭との生活は、毎日がてんやわんやの大騒ぎです。一日が終わる頃には、もうへとへと。毎日が飛ぶように過ぎていきます。

ハリーの存在は、私を変えてくれたと思います。イスに座ってパソコンのモニタに向き合うだけの毎日を送っていた私が、今となっては、早朝から湖まで散歩に行くことが日課となりました。キーボードぐらいしか叩いたことのなかった両手は、怪力ハリーのリードを握りしめることで随分と強くなりました。ハリーは私の心のほとんどすべてを埋め尽くすほど、大きな存在になりました。ハリーのことが大好きです。

緑の山と、青い湖。それ以外何もないところなのに、ハリーが一匹いるだけで、なぜこんなにも毎日がスリリングなのでしょう。ハリーがいてくれるだけで、なぜこんなにも楽しいのでしょう。これからもハリーと一緒に、冒険を続けていきたい。そんなふうに考えています。

# 犬がいるから　目次

# 1　犬《きみ》がいるから

　わが家に黒ラブのハリーがやってきてから、早いもので数ヶ月が経った。これを書いている今も、真っ黒で、妙に温かい生きものが私の足下にいる。左足の上にどっかと座られているので、すごく重い。そろそろ体重は二十キロに届いているはずだ。成犬になったら三十キロを超えると言われている大型犬で、その成長スピードたるや、まるで化け物だ。つまり、ふわふわの毛が生えた、かわいらしいタイプの犬ではない。ひょいと持ち上げられた時期はとうに過ぎた。盛り上がった筋肉がしっかりとした骨格に絡みつき、まるで荒々しい山を思い起こさせるような、そんな犬だ。

　そのうえ、どうもこの犬は、パーソナルスペースってものを理解できないらしい。どこへ行くにもついてきて、常に足下で待機している。トイレも風呂も、私にプライバシーなんてものはないような雰囲気だ。「ちょっと邪魔なんだけど」と声をかけると、ゆっくりと私に視線を向ける。ギロリと音が聞こえそうである。漆黒の瞳を、まっすぐ、意味ありげにこちらに向け、射貫《いぬ》くような視線を投げてくる。「どいてよ」「いや、決してどかぬ」の攻防戦である。

日増しに広く、大きくなる額。その横に、完璧なまでのバランスで配置された大きな耳。まっすぐ伸びた鼻梁《びりょう》、きっちりと閉じられた口吻《こうふん》。短くて、黒い被毛《ひもう》はビロードのようで、どこまでも美しく、滑《なめ》らかだ。突然押し寄せてくる感情を抑え、冷静さをなんとか保ちながらも、こう思わずにはいられない。

ああっ、この子、どうしようもなくイケワンだわ！

まさか自分がラブラドール・レトリバーを飼うなんて、夢にも思っていなかった。二〇一六年の夏に、長年共に暮らした老犬を失ってからは、犬は諦めるべきだと思いはじめていた。ペットを失う強烈な痛みに、再び耐えることなんて不可能だと思っていた。新しい命を迎えるのであれば、それをいつの日か必ず失うことも同時に受け入れなければならない。もう一度それが私にできるだろうかと自問自答していた。感情的な葛藤に加え、老犬をなんとか楽に旅立たせようと奮闘した結果、私の蓄えは底をついていた。動物を飼うことには大きな責任が伴い、それには当然お金も必要なのだ。

それなのに、まさか大型犬がわが家に来るなんて、想像もしていなかった。一年前の私に、「未来のアンタは大型犬と暮らしています」なんて言ったら、「またまたぁ」と、決して信じようとはしなかっただろう。なにせ、わが家にはすでに大型犬と同じぐらいパワフルな十一歳の双子男児がいる。それに、もう四十代も後半にさしかかるという私に、大型犬との暮らしなんて、体力的に無理に決まっている。まさか、大型犬なんて、ねえ……。

実は、大型犬に対する強い憧れは、子どもの頃からずっと抱いてきた。一度でいいから大型犬と暮らしてみたいと、ずっとずっと考えてきた。温厚な性格と、大らかさ。常に人間に寄り添うやさしさ。大型犬の魅力はひとことでは言い表すことができないし、無理に言い表そうとがんばると、「大型犬、すごくいい！」という、小学生男児みたいな言葉しか出てこなくなるくらい好きなのだ。老犬を見送った痛みも、時とともにある程度は癒えた。元来、相当な犬好きの私は、犬との生活をぼんやりと夢見るようになっていた。

警察犬を引退したラブラドール・レトリバーの里親を探す警察犬訓練所のサイトを頻繁に見ているくせに、「無理無理無理無理」と、顔の前で両手を振っていた。

残念ながらわが家はその犬の里親になることができなかったけれど、それでも連日、そのホームページを見ては、いいねぇ、素敵だねえとため息をつく日が続いた。そして運命のある日、そのページに子犬の出産情報が掲載されたのだ。高鳴る胸を抑えつつ、見てみた。

ぬおおおお！　なんなんだ、この黒い塊は!!

そして、来ちゃったのである。真っ黒で、ふわふわで、信じられないほどかわいいのに、妙にやんちゃな黒ラブが、わが家に来てしまったのだ。わが家にやってきたその日こそ神妙な顔つきで大人しかったものの、二日目にはすでに本領を発揮し、走り回り、飛び跳ねていた。ケージに入れようものなら、この世の終わりかというほど鳴き声をあげ、外へ出せと要求した。抱き上げると、ウルウルの瞳で私を見て、まるで「助けてくれてありがとうございます」と言わんばかり。その表情に油断した瞬間、がぶりと私の手に噛みつくのであった。

わが家に到着して一週間後には、破壊活動を開始した。その熱心さたるや特筆に値する。そして今に至る（何もかもボロボロ）、である。破壊されたものは数知れず、家具という家具にはすべて歯形がついた。昔、「男の子の双子がいたら、家を一軒潰されるわよ」と言われたことがあるが、なあに、家一軒なんて、黒ラ

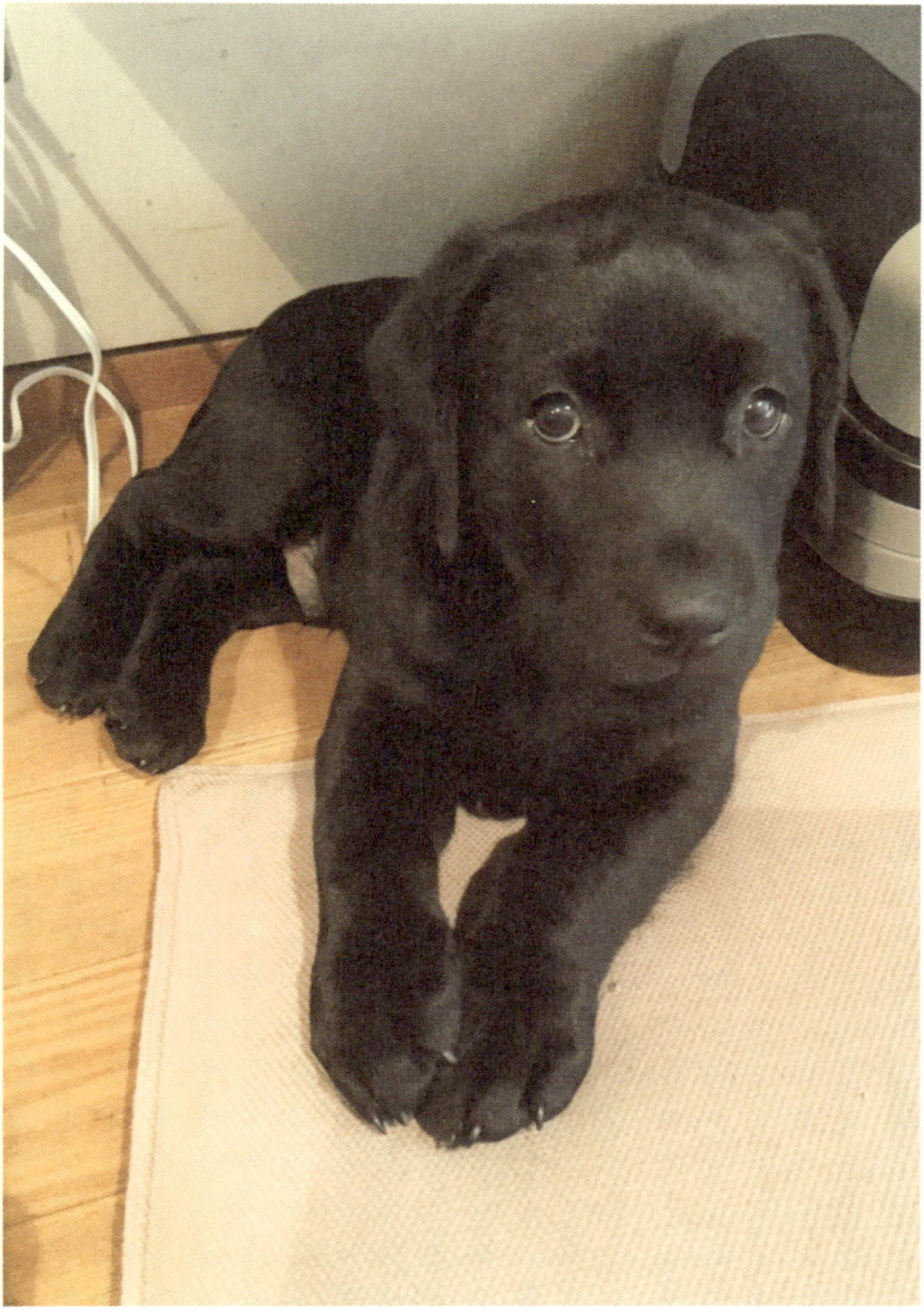

ブ一頭で事足りる。ベランダの分厚い床板を食いちぎられた日には、笑うことしかできなかった。寝室のドアを噛みまくった日は、叱ることが無意味に思え「全部食われてから取り替えりゃいいや」と諦めた。

とにかく、ハリーの両目がランランとしている間は、一切、油断してはならない。黒ラブの賢さたるや、想像を遥かに超えるものだった。一瞬の隙を突いてありとあらゆるイタズラを繰り返す。靴を隠し、紙を食いちぎり、食べ物を盗む。ふと気づくと、何かをくわえた状態で、スタタタと早足で移動する。「あっ！」とこちらが声を上げると、それがゲームスタートの合図だ。できるもんなら取り返してみろとばかりに、長い尾をバタバタと振りつつ、嬉々として走り回る……いろいろなものをなぎ倒しながら。終わることのないイタズラ。諦めと許し。ハリーよ、お前ってやつはどこまでパワフルなんだよと、ため息しか出ない日々である。

それなのに、なぜ私はこんなにもハリーが好きなんだろう。なぜこんなにも、この犬がかわいいと思うのだろう。イタズラを散々繰り返されても、服をビリビリに破られても、私はこの犬に強く惹かれている。控えめに言っても、かなり夢中だ。私の横にぴったりと座り、幸せそうな表情をするハリーは、最高のイケワンだと心から思う。

ハリーはきっと素晴らしい犬になる。ちゃんと育てれば、最高のパートナーになってくれるに違いない。この犬と、これからも楽しい日々を送ろうと思う。いっぱい遊んでやろうと思う。思い切りかわいがり、大切にしようと思う。きっと、私が一生忘れられない犬になるだろうから。

## 2 もう一匹の黒ラブ

黒ラブのハリーを飼い始めてから、気づいたことがある。近所を一人と一匹で散歩していると、頻繁に声をかけられるようになったのだ。今までの私が、誰にも話しかけられたくありませんオーラを出していたとも思わないが、先住犬と歩いているときに声をかけられることは滅多になかった。というのも、わが家が今まで飼っていたのはスコッチテリアという犬種で、テリアというのは若干気難しく、見知らぬ人にしっぽを振るタイプではなかったからだと思う。どちらかといえば遠巻きに「なんだ、あの三頭身のへンな犬は!?」という視線を感じるぐらいのものだった（ただし、山道で熊に間違えられ、驚かれたことは数回ある）。

しかし、ハリーだ。確かにラブラドールは人好きな犬種だとは知っていた。私自身もその大らかな性格に魅力を感じていた一人でもある。意思の疎通がはっき

りとできる、人間好きの大型犬なんて、犬好きにとっては最高以外の何ものでもない。そしてうれしいことに、わが家のハリーも、大の人好き、遊び好きだ。とにかく子どもから大人まで、好きで好きで、いてもたってもいられない様子なのだ。すれ違う人にはすべてしっぽを振ってニコニコと挨拶するため、そんなハリーに相好を崩す見知らぬ人たちとの会話が増えた。

先日、そんなハリーを散歩させていた時のことだ。前方から走ってくる軽乗用車の運転席に座っていた年配の女性が、ハリーを見るやいなや、明らかに「アッ！」という表情をしたかと思うと、キーッと車を路肩に停めたのだ。いやはや、声をかけられることに慣れはじめてはいたものの、車を停めてくれる方がいるとは驚きではないか。その女性は、車からさっと降りてくると、まっすぐハリーに向かって小走りでやってきた。あのう、車はいいんですか……？　と、心配している私なんて一切視界に入っていない様子だった。

ハリーは女性にすぐに気づくと、バタリと地面に倒れてお腹を出して大歓迎した。しっぽをブンブンと振りつつひっくり返って、足をじたばたさせ、うれしいうれしいハァハァハァ、ボクをさわってくださいハァハァハァと、飼い主の私が呆れるほどの喜びよう。それを見た女性は、「ああ、この性格はやっぱり黒ラブちゃんだわ。なんてかわいいいんだろう」と相好を崩していた。

女性は愛おしそうに何度もハリーを撫でると、私に色々と話を聞かせてくれた。彼女自身、黒ラブが好きでたまらないこと、去年飼っていた愛犬の黒ラブを亡くしたこと、八歳だったこと。黒ラブの素晴らしいところ、賢いところ、美しいところ。そして最後に彼女は、黒ラブはとにかく食いしん坊だから、食べ物の管理はしっかりしないと事故が起きてしまうので、どうか気をつけてねと言った。

彼女の愛犬は、去年の冬、腸閉塞《ちょうへいそく》が原因で亡くなったそうだ。留守中、しっかりとしまっておいたはずのおやつ用のガムを大量に食べてしまい、様子がおかしいと気づいた時には手遅れだったらしい。私もどう反応していいのかわからず、ただただ、それは残念でしたねと言うことしかできなかった。彼女はそれからしばらくハリーを撫で、そして最後に「ちょっと写真撮ってもいい？ ラブ友に送りたいし」と言った。もちろんどうぞと私は答えた。彼女は何枚も何枚も写真を撮り、最後は、彼女とハリーが並んで座る姿を私が撮影した。そして彼女はひとこと「もう年だから、大型犬は無理よね」と言い、再びハリーをゆっくりと撫で、名残惜しそうに車に戻っていった。

帰宅してからしばらく、彼女と亡くなった黒ラブのことを考えていた。辛かっ

ただろう、悲しかっただろう。犬も、飼い主も。それでも私は彼女に感謝せずにはいられなかった。あれほどの愛犬家が、見ず知らずの私に、後悔してもしきれない悲しい事故を包み隠さず話してくれたのだから。しっぽを振り、お腹を見せて寝転がるハリーの命が大切だと思ってくれたからに違いない。

私が彼女であったら、それほど正直に告白できるかどうか自信がない。あまりの喪失感と後悔の念に「友達の黒ラブがね……」なんて、言葉を濁したかもしれない。でも、「友達の黒ラブが」と言われるより、「私が去年まで飼っていた黒ラブが」と言われるほうが、ずっとずっと現実味をともなって胸に迫る。危機感を抱くきっかけになる。私はその彼女の心遣いも、旅立った犬の命も無駄にしちゃいけないと思い、一念発起して家中を片付けた。とにかく、ハリーの手の届く（口の届く）範囲にある危険因子を、できるだけ、可能な限り取り除こうと作業をした。おやつは必ずハリーの届かない場所に置くことを徹底した。

あれから彼女と会う機会はないけれど、ハリーの姿を見るときはいつも、彼女の愛犬の姿が心の片隅にあるような気がする。私自身は霊とか魂とか死後の世界とか、そういったものを信じるタイプの人間ではないけれど、今回ばかりは別だ。彼女の横に、旅立った黒ラブが寄り添っていてくれればいいなと思わずにはいられないのだ。

## 3　私のガードワン

普段、夫と息子たちは午前八時前には家を出る。夫は会社へ、そして息子たちは学校へと向かうのだ。男子チームが出払うまで繰り広げられるバタバタが終わると、家に残されるのは私とハリー、一人と一匹である。

本来であれば、ここで一息つきたいところではあるけれど、期待で目をキラキラと輝かせるハリーを待たせることなんてできない。気休め程度のUVケアをして、散歩グッズ一式（ケータイ、財布、ビニール袋、ペットボトルの水）を入れたバッグを肩から斜めがけにし、大きめの帽子をかぶって私の準備は整う。ハリーにはハーネスとリードをつけ、迷子札がついていることを確認する。リードを握りしめ「さあ行くよ」と私が声をかけると、ハリーはうれしそうに玄関から飛び出して、琵琶湖までの道を大急ぎで歩きだす。これが最近の私とハリーの日課だ。

さすがラブラドール・レトリバーだけあって、ハリーはレトリーブ（retrieve: 回収）する能力が高い。浜辺に落ちている枝を水面に投げれば、全速力で、どこまででも泳いでいって回収してくる。その泳ぎの大胆なことといったら、息を呑むほどだ。ざぶんという大きな音を立てて水に飛び込み、盛り上がった両肩の筋肉を力強く動かして前へ前へと進んでいく。湖面に浮かぶ枝をくわえ、さっと身をひるがえすようにして向きを変えると、一直線に岸に戻ってくる。力強く泳ぎつつ、視線を左右に送る姿はまるで、ボクのこの勇姿を見ている人間は何人いるだろうと確認しているようである。目を輝かせて泳ぎ続けるハリーから、爆発しそうなほど強い生命力を感じずにはいられない。

しばらく泳いでクールダウンすると、いつもの道を家までゆっくりと戻る。玄関でハーネスとリードを外すと、ハリーは一目散にリビングに向かい、フードボウルの前に座る。そして、じっと待つ。大きく、黒い目を見開いて、きゅっと口を結び、じっと待っている。散歩が終わればドッグフードをもらえるとちゃんと理解しているのだ。その姿を見た夫が私に「ハリーには『待て』なんて教えないでくれって言ったよね。俺は理由もなしに犬を待たせるなんてことは大嫌いだ」

なんて言って抗議したのだが、いや、ハリーに待つことを教えたことなど一度もない。彼は自然にそうするようになったのだ。何度か言えば理解できるし、言わなくても理解できる場合だってある。ハリーの中には人間が入っているのではないかと、不思議に思う時があるほどだ。

しっかりと食べ、水を飲むと、ハリーは決まってリビングのソファの上で眠りにつく。このソファは私のデスクのすぐ横に置いてあって、ハリーのお気に入りだ（そして噛みまくられてボロボロである）。ソファの肘掛けに顎を乗せ、視線だけをこちらに向けて私がいることを確認しつつ、ウトウトと眠りにつく。よほどのことがないと吠えることもない。ただ静かに寝息をたてて、眠っている。ひどいイタズラをして私の仕事の手を止めさせることもほとんどなくなった。散歩、フード、昼寝。これが、見事なまでにシンプルなハリーのライフスタイルだ。

そのあまりのシンプルさが羨《うらや》ましく感じられ、「犬は仕事がなくていいなあ」なんて考えていたのだが、ある時ふと気がついた。いつも昼寝をしているように見えるハリーだけれど、実際のところ、私の一挙手一投足を追い、それにいつも付き添っているではないか。いくら熟睡していても、私が動けばガバッと起き上がる。すごい勢いでガバッと起き上がるから、両耳が後ろ側にめくれてしまっていることが多い。私が車のキーを手に取るカチャリという小さな音も決して聞き逃さず、玄関までダッシュする。どこへ行くにも同行する気満々なのだ。

確かに、筋骨隆々としたその姿はまるで、サングラスをかけ、黒いスーツをビシッと着こなすSPのようだ。散歩中でも常に周囲に視線を送り、私の位置を確認する姿は、映画『ボディガード』でホイットニー・ヒューストンのボディガード役を演じたケビン・コスナーそのものである。そうだ、ハリーは私を守ろうとしているのだ。彼は自分の仕事を私の警備だと考えているに違いない。泳ぎながら左右に視線を送るハリーは、岸で待つ私の背後に怪しい人物がいないかどうか確認をしているのではないか。そうだ、そうなのだ。キャア、すてきッ！　ハリーはイケワンなだけでなく、ガードワンでもあったのね（妄想大爆発）！

……ということで、最近はハリーがどこまで私についてまわっても、「ヒマか」なんて憎まれ口は叩かなくなった。むしろ、あまりに必死に職務を全うしようとするハリーに留守番させることが申し訳なく感じられ、家から車で数分の距離にあるパン屋に行くにもハリーを同行させるようになった。駐車場に停めた車の助手席に座って、じっとこちらを見ているハリーは、私がパンを選んでいる間もしっかり警備中である。会計を済ませながらふと車を見ると、助手席から運転席に移動して、じっとこちらを見ていたりする。クラクションを鳴らしたことも一度や二度ではない。まさかね……とは思いつつ、早くしろと私を急かしているのではと疑っている。

# 4　犬はいつも私たちと

琵琶湖の近くに家を建てて、今年で十一年になる。この十一年間の暮らしのなかで、犬はいつも私たちと一緒にいた。京都から引っ越してきた当初は、なんと二頭の犬がわが家で暮らしていたのだ。二頭は生まれたばかりの双子の息子たちとよく遊び、辛抱強く相手をしてくれた。四年前にそのうちの一頭が、そして去年、もう一頭が亡くなり、そして今、私たちと暮らしているのが、この家で三頭目のハリーというわけだ。

家を建てるときにまず考えたのは、犬にとって暮らしやすいかどうかということだった（そういう夫婦もたまにはいる。珍しいけれど）。例えば一階の床がすべてコンクリートなのは、夏涼しく、犬が出入りして汚れた時の掃除のしやすさを考えたからだ。その他にも、犬にとって暮らしやすい工夫は随所に施されている。

そんなわが家も、十一年目ともなると、いろいろなところが壊れたり、汚れたりしてきた。今年はとうとうエアコンが同時に二台も動かなくなったうえに、リビングの窓に設置していた網戸をハリーが体当たりして突き破ってしまった。網を破るぐらいだったらよかったのだが、外枠まで歪めてしまったので買い換えるしかない。まったくなんという怪力だろうと呆れてしまう。エアコンなし、そのうえ網戸なしで酷暑を無事に乗り切る自信はない。なにより、ハリーにエアコンなしの夏を過ごさせるなんて、絶対にダメだ！　ただでさえ真っ黒で暑そうなのに！「人間はどうでもいいけど、犬にエアコンなしだなんてありえないからねッ」と、鼻息を荒くする私に夫は、「ハリーのことになると、俄然張り切るね」と言っていた。その通りなので、異論はなしだ。

さっそくわが家を建ててくれた工務店の現場監督に連絡を取り、状況を説明した。網戸だけではなく、実はハリーに破壊された箇所は無数にある。ベランダの床板はかじられてしまったし、フローリングの一部は、頑丈な爪で削られている。階段の一段目も軽く食べた跡があるし、寝室のドアには無理矢理こじ開けようと奮闘したのだろう、立派な爪痕《あと》がいくつもついている。すべて書くと延々と続きそうなので省略するが、とにかくハリーは滅多矢鱈と壊している。どうせ直すのなら、一気に直してしまったほうがいい。それにしても、よくここまでやるよなぁと、笑ってしまう。

現場監督がわが家に来てくれる日の前日、家のなかを見て回った。他になにか直すところがあるのではと思ったからだ。大きな不具合はなかったものの、とにかく壁の汚れが目立つ。子どもたちが一日の大半を過ごす場所は、もれなく汚れている。壁の落書き、汚れた手でさわった跡、墨汁や絵の具の染み。でもなによりも目立ったのは、歴代の犬たちが壁に残した汚れだった。

今までわが家で暮らした犬はそれぞれがお気に入りの場所を持っていて、そこに寄りかかるようにして昼寝をするのが日課だった。四年前に死んでしまったリブという犬は、私のデスクの足下にある壁に体を預けて日がな一日過ごしていた。だから、その部分は丸く汚れが残っている。去年死んでしまったトビーは階段の踊り場がお気に入りで、そこの壁にいつもお尻をくっつけて寝ていたので、その部分にも同じく汚れが残っている。そんな犬たちが残していった汚れがわが家の壁にはいくつもある。それを眺めていたら、なんだか少し悲しくなった。二頭の写真も動画も、数え切れないほど残っている。でも、この汚れほど、去っていっ

た犬たちを私に思い出させるものはない。それは、確かにここにあの二頭が生きていた証だ。汚れだけれど、汚れじゃない。私には、それはあの子たちからの置き手紙のように見える。だから、やっぱり消せない。

「今はいい塗料があるんスよ」と現場監督は言った。「簡単に塗れますよ」。壁を塗り替えたら、部屋の印象も明るくなって、気持ちも切り替わるだろう。ハリーは前にいた犬たちとは違って、壁に寄りかかるような寝方はしない。彼は堂々と部屋のど真ん中でバタリと倒れて寝ているし、定位置はリビングにあるソファだ。だからきっと、これからハリーが壁を汚すことはないと思う。塗り替えるのであれば、今だ。工事は一度にやってしまうのが効率的だし、壁の塗り替えは夏場がいいに決まっている。

現場監督から送られてきた見積もり書を眺めつつ、夫と話し合った。エアコンは必須、網戸も同じ。ベランダの修理は費用が嵩《かさ》むので今回は見送り。階段の噛み痕、寝室のドアとフローリングの爪痕も、ハリーが今後もイタズラをする可能性が大いにあるため、限界の状態になるまで気にしないことにした。壁の塗り替えは、もう少し先でいいと思う。壁に残された汚れが上塗りされたからといって、思い出まで塗りつぶされてしまうわけがないことは理解している。それでも、もう少しだけ、あの二頭の存在をこの家の中に残してあげたいと私は思うのだ。

# 5　二日間の別れ

先日、仕事で二日だけ家を空けたことがきっかけとなり、ハリーの私に対する愛という名の執着がレベルアップしているので報告したい。

登壇するイベントが行われる東京に向かう日、ハリーとは自宅の最寄り駅前で別れた。荷物も多く、朝早いこともあって、夫とハリーが車で駅まで送ってくれたのだ。ロータリーに車を停めてもらい、夫にハリーを頼むと、なるべく気づかれないように、さっと車を降りようとした。しかし、敏感なハリーを騙すことはできなかった。いつものようにすっと立ち上がり、自分も車を降りようと焦りだした。ハリーはとにかく、私が行く場所には自分も行きたいタイプの犬だ。人間

にぴたりと寄り添うことが、なにより幸せなようなのだ。

しかしこの日は、運転席に夫が座ったままであることに気づいて、少し混乱したようだった。夫にも大変なついているハリーは、当然、彼のことも警備しなくてはと考えている。あれ？　運転席にはこの人が座っている。でも、あの人は車を降りてどこかへ行こうとしている。僕はこの人とここにいるべきなのか、それともあの人と行くべきなのか⁉

ハリーの困惑した視線が、夫、私、夫、私と動いたところで、夫も私もハリーが気の毒になり、私は急いで車を降りて駅の改札へ、夫はハリーを乗せた車を発進して、その場を離れたのである。改札に向かいつつ、走り去る車を見ると、眉毛を八の字にして、悲壮な表情でこちらをじっと見ているハリーの姿が見えた。

新幹線に乗っても気になるのはハリーのことばかり。おっとりしているわが家の男子チーム（夫と双子の息子）が、例えば琵琶湖にハリーを連れて泳ぎに行き、目を離した隙にハリーがどこかへ行ってしまったら⁉　おっとりしているわが家の男子チームが、玄関を開けっ放しにし、ハリーが私を探して家を出てしまったら⁉　だって本当にやりかねないのだ。なにせハリーは、私がゴミを捨てに行くだけで、馬かというほどヒンヒンと大声で鳴くような犬なのだから。その声の大きさたるや、家の先の角を曲がってても、まだ聞こえてくるぐらいだ。

　さて、二日間の仕事を終えて家に戻る日、私は朝の四時に起きると、すぐに荷物を整え、新宿のホテルを後にした。急いで東京駅に向かい、新幹線に飛び乗った。すべては、一刻も早くハリーに会うためである。子ども？　夫？　いや、ハリーだ！　新幹線の中で夫にメールし、ハリーも元気にしていることを確かめてはいたものの、寂しい思いをしていたのではないか、何か困ったことがあったのではないかと、もやもやした気持ちは晴れなかったし、あの八の字眉毛をした情けない顔を忘れることができなかった。しばらくはハリーと一緒に過ごすことにしよう、いつも以上に大事にするんだと、鼻息も荒く京都駅に降り立った。

　京都駅から在来線に乗り換え、最寄り駅に到着。ホームを急いで歩いて改札に向かい、駅のロータリーに出ると、迎えの車が待っていた。夫とハリーだ。ハリーは助手席に座って、まっすぐ前を見ていた。私が車の横まで来ていることにすぐには気づかなかった。私がコンコンと窓を叩くと、勢いよくこちらを向いた。大きな両耳がふわんと浮いた。直後、「エッ!?」という顔をしたハリーは、立ち上がり、しっぽをブンブンと振り、「エッ!?　エッ!?」と驚きと喜びが混ざったような表情をして、車内で大暴れしはじめた。私が暴れるハリーを押さえつつ、なんとか車内に入ってからの大騒ぎは、十分想像していただけると思う。自宅に到着するまでに、私の腕には立派なミミズ腫れが数本できていた。

さて、私が戻ってしばらく経過した今も、ハリーの私に対する執着は続いている。最近のハリーからは、二度と行かすまいという気合いを感じる。「決して逃さぬ」という強い気持ちが垣間見える。夜中にふと目を覚ますと、真上から見下ろされていることさえある。口もとのモフモフが垂れ下がって、なんとも情けない表情だが、目は真剣そのものだ。デスクで仕事をすれば、真横にあるソファに座って、静かにこちらを見ている。本を読めば、相手をしてくれと鼻面をぐいぐい押しつけてくるし、無視をすれば前足で本をたたき落としてしまう。根負けして相手をすると、私に体を預け、安心したような表情ですぐに眠ってしまうというのに。そんなハリーはかわいいけれど、こちらはいろいろな意味で重くて、暑くて大変なのだ。

大きな体をした子犬は、全身で愛を表現してくる。真正面から、大好きだと訴えてくる。今まで何頭も犬を飼ったけれど、これほどまでに人間との関わりを求める犬ははじめてだ。ハリーのこの人間好きで甘ったれの性格は、老犬になってもそのままだろう。きっとこの先も、ハリーは私たち家族からの愛を求め続け、

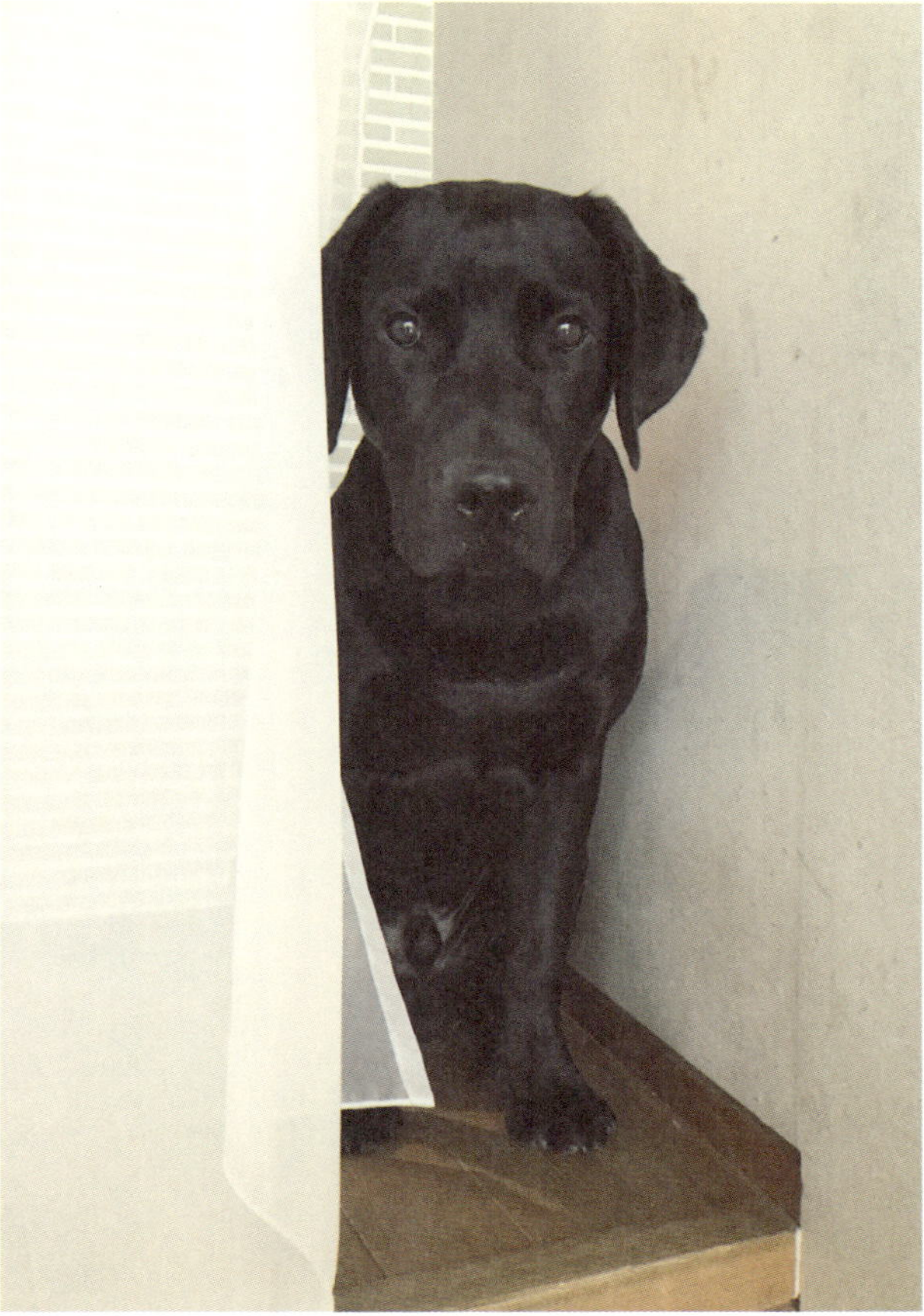

若干強めの愛を私たちに与え続けるに違いない。だから、このまっすぐで純粋なハリーの気持ちをすべて受け止めるのが、この犬を選んだ私の飼い主としての責任だと思うのだ。

# 6
## ハリーの事件簿①
## マウスピース失踪事件

二〇一六年十二月生まれのハリーはそろそろ生後九ヶ月になろうとしている。大型犬が成犬になるのはいつ頃なのかはよくわからないけれど、成犬になりかけているのだろうなとは思う。体はとにかく大きいし、そして今現在も、週単位で大きくなっているような気がしてならない。近所のラブ飼いさんに会うたびに、「この子はまだまだくるね！」とうれしそうに言われて、どうくるんだろうと不安になる。まさか今より大きくなるのか。心配になってハリーの顔を見ると、最近はラブラドールというよりも土佐犬に近い。

ただ、頭の中身はどうかというと、完全に子犬の状態だ。あまりにも体格がいいので騙されそうになるけれど、ハリーはまだまだ幼い。カチャカチャと小さな爪の音をたてながら、私の後ろをどこまでもついてくる。私がコーヒーを飲むときは、真ん前の席に座ってじっと待っている。何を待っているのかわからないが、とにかく飲み終わるまでじっと待っている。昼寝をすれば頼んでもいないのに添い寝する。添い寝だけならまだいいけれど、私の顔の上に自分の大きな顔を乗せてきたり、私の耳の横でハァハァしたり、私の体を前足でぐいぐい押してきたりと、邪魔でしかない。重い、痛い、暑い。

イタズラは減ったとはいえ、それでもやっぱり気を抜くことはできない。最近困っているのは、顔全体が大きくなったことで、何か口にくわえていても、わかりにくくなったことだ。先日も、次男が「あーっ！」と大声を出すので何ごとかと駆けつけると、なんと、歯列矯正用のマウスピースがケースごとなくなっていた。「ハリーだ！」と思わず叫んだ。その瞬間、ハリーがものすごい勢いで部屋の中を走って逃げ出した。

あいつが犯人だ、間違いない！「待て！」と必死に追いかけた。なにせ、ウン十万もしたマウスピースだ、噛まれてなるものか！　いや、万が一ハリーが飲み込んでしまっていたら動物病院行きは免れない。そしたらまた追加のウン十万！　いやいや、ハリーの命に関わる！　部屋の隅に追い詰めると、ハリーは身じろぎもせず、目をそらし、頑として口を開こうとしない。「出しなさい！　ド

ロップ！　ドロップだってば！」と、必死に命じても、ハリーは、ただ静かに座っているだけだ。深呼吸をして、静かな声で、「ハリー、出しなさい」と迫力たっぷりに言うと、頭を垂れて、観念した様子で口を開けた。ポロリと出てきたのはマウスピースのケースの一部だった。

部屋中を血眼になって探したが、マウスピースは見つからない。バラバラになったケースはあちこちから出てきたものの、肝心のマウスピースがないのだ。あれを飲み込めるものだろうかとしばし考えたが、ハリーならやりかねない。万が一、丸ごと飲み込んでいたら、自然に出てくることは期待できない。マウスピースには金属製の部品も埋め込まれている。本当に飲み込んでしまっていたら、間違いなく手術になるだろう。なんてことだ、あれだけ気をつけていたのに、なぜ……。不安で押しつぶされそうだった。

子どもたちが夏休みに入り、ただでさえ慌ただしい生活が、余計に慌ただしくなっていた。朝から晩までドタバタと走り回る双子男児と犬の世話、家事、仕事。もうそろそろ限界だと思っていた矢先だった。気を抜いてしまった。これでハリーが手術になったら、もう本当に立ちなおることなんてできない。

がっくりと肩を落としながら身支度を整えた。一刻も早く動物病院に行かねばならない。息子たちに、今から病院に行ってくると伝えて、車のキーを手にした。僕らも行くと涙目で言われたが、正直、一人で行きたかった。ハリーは申し訳なさそうに、とぼとぼと私の後ろをついてきた。もう叱る気にもなれなかった。ごめんよ、ハリー。私が悪かった。うっかりしちゃったんだ。とてもつらいけれど、お前に痛い思いをさせなければならないかもしれない。本当にごめんね……。そして玄関を開けて出ようとしたその時だった。再び次男が「あーっ！」と大声で叫んだのだ。

「マウスピース、俺の口の中に入ってるわ！」

入ってたんかーい！　と、思わずこちらも大声が出た。玄関先でぎゃあぎゃあ騒ぐ私たちを見て、ハリーはなぜだかうれしそうにしっぽを振っていた。なんだ、よかった、飲み込んでいなかったんだ。ほっとするやら腹立たしいやら、思わずハリーに抱きついた。双子もハリーに抱きついた。玄関先で三人と一匹がもつれ合うようにして、よかったよかったと大騒ぎする様は、はたから見たら随分とへンだっただろうと思う。

結局、マウスピースは息子の口のなかで発見され、ハリーが壊したのはマウスピースのケースだけだったわけだけれど、私の寿命は確実に五分ぐらいは縮まっ

たように思う。もうあんな思いは絶対にしたくないから、ハリーが噛んだら危険なものを入れる箱を用意し、棚の上の方に置いた。家族にも、眼鏡やマウスピース、ケータイなどはすべて確実に箱に入れるようにと伝えた。

ことあるごとに、「ハリー、もう絶対にイタズラはダメだよ」と言って、頭を撫でるのが日課になった。ハリーはうれしそうに、じっと私を見る。「本当にダメだよ。絶対にダメだからね」と、何度も言わずにはいられない。わかっているのか、いないのか、ハリーはじっと私を見て、私の顔に自分の鼻面をべたりとくっつけて甘えるのだった。

# 7　大型犬にご用心

「大型犬っていいですね！」、「私も飼いたくなりました」と声をかけられるようになって、その度にとてもうれしくなる反面、なにか使命感のようなものを抱くようになった。何に対する使命感かというと、大型犬飼育は想像以上に体力・気力を奪われるものだと声を大にして言わなければならぬという使命感である。みんな、落ち着いて聞いてくれ〜！　大型犬はしんどいぞ〜！

私が住んでいる琵琶湖西岸は、山あり川あり湖ありの、運動させやすい環境にあるにもかかわらず、それでも大型犬の飼育は一筋縄ではいかない。散歩させる場所があるから、毎日しっかり散歩させたからといって、すべてが解決ではないことを学んだのが、ここ半年の私である。毎日ある程度の時間をかけて運動をさせるのは、いわば必要最低条件だ。問題はそう単純ではなくて、大型犬の飼育は、飼い主のライフスタイルを根底から覆《くつがえ》すほどの難題に立ち向かうことなのだ。

それでは具体的に、何がそこまで大変なのかを書いていこうと思う。まず、私が一番困っているのはその怪力っぷりだ。ハリーの強い引きで、ギシギシと音を立てるリードを握りしめながら、ハリーの後頭部をひっぱたいてやりたい衝動と戦うのに忙しい。お前は馬か！　猛獣か！　と、怒り心頭で歩く。心優しき大型犬飼育の先輩のみなさんが、「一歳を過ぎたら落ち着くから」、「もう少しだから」と励ましてくれる。でも、「そういえば私は肩が外れた」、「お友達が手首を骨折した」、「顔からアスファルトの道路に突っ込んでズルむけになった」など、不安になるような情報も提供してくれる（なぜか満面の笑みで）。私もいつか怪我をしそうな気がするので、最近はこの強烈な引っ張り癖を直すべく、試行錯誤を繰り返している。

次に私が大変な思いをしているのは、そのサイズと重さだ。大型犬なんだから当然じゃないですか～と言われてしまうと壁に頭をぶつけたくもなるが、とにかく、ため息が出るほど重い、大きい……。ハリーは未だに足を上げておしっこをしない、いわゆる子犬状態だと思うのだけれど、それでも三十キロは優に超えている。先日、背後から近づき、おもむろに抱き上げてみたが、持ち上げることが

できたのは、上半身と前足のみだった。どれだけ力を込めても、後ろ足は地面にしっかりとついたままで、なぜか異様に胴体が伸びただけだった。本犬は「何をしているんだ、この人」とばかり、呆れた様子。こんな感じのサイズ感なので、全体重を預けられると本当に重い。そしてハリーは私の膝の上に乗って寝るのが好きだ。エコノミークラス症候群が心配である。ついでを言えば、いびきも酷い。

　そして次に私が困っているのは、大型犬あるあるの、誤飲、誤食だ。犬はそもそも好奇心旺盛な動物だけれど、わが家のハリーときたら、とにかく、昼寝以外の時間は延々と家中を徘徊し、おもしろいものを見つければすぐさま口に入れ、弾丸のようにダッシュする。ヒャッハー！　おもしろいもの、みーつけた！　とばかりにお気に入りの場所に戻り、嚙みまくるのだ。もちろん、そこで私は「ハリー！」と叱るわけだが、ハリーは私に叱られることすら楽しんでいるので、私の声を聞いた瞬間、その丸い目に、めらめらとイタズラの炎が燃え上がるのがはっきりとわかる。ハリーは、心の底からその状況を楽しんでいる。これは永遠に終わらない、私とハリーの追いかけっこだ。

　そして困っていることの最後を飾るのは、飼育コストだ。ハリーは毎月、大量のドッグフードを消費する。ドッグフードだけではない。野菜、果物、おやつなどなど、相当量を食べる。食費だけではなく、当然、健康管理にもかなりの費用がかかる。フィラリアの薬、ノミ・ダニの薬、予防接種、健康診断などなど、一年を通じて何かしらのケアが必要になってくる。動物を飼育するのだから、飼い主が当然覚悟しなければならない費用だということは承知で、私が困っているのは、はて、どうやってその費用を捻出しようか、その部分なのだ。というわけで、せっせと働いているのであります。

毎日のハリーとの生活の大変さから、色々と愚痴めいたものを書いた。でも、ひとつだけ言えるのは、ここまで手がかかっても、生活をがらりと変えられても、やはりハリーはかわいい。とんでもなくかわいい。んぐぁぁ、かわいいっ！　大きな顔でじっと見つめられると、すべてを許してしまう。どこまでもついてきて、ドスンと私の横に座り、真面目な顔をしているハリーを見ると、私のところにやって来てくれたことに感謝しかない。大きなぬいぐるみみたいなハリーと一緒にいるだけで、本当に幸せなのだ。犬バカもここまでくると相当深刻である。

# 8 夏祭り乱入！

## ハリーの事件簿②

「ヤマタノオロチでも退治してるみたいですね！」と、先日わが家を訪れた女性が言った。しっぽをブンブン振りながら、彼女に果敢にアタックしようとしているハリーを制するため、全身を使ってリードを操っていたのだ。「普通に私と話をしてるのに、表情も変えずにハリーを操ってるって、なんかすごいですよ！」

確かに、同年代の女性に比べ、私は力が強い方だと思う。なにせ学生の頃、毎日瓶ビールが入ったケースを延々と運ぶバイトをしていたし、わが家には成長期にある双子男児もいる。都会の生活に比べれば、田舎では力を必要とする仕事も多い。スポーツテストで私の記録を紙に書き込んでいた担任教師が「こんなに背筋力があるならレスリングやれば？」と言ったこともあった（ちなみに小学生の時）。だから、ハリーが力一杯引っ張っても、負けることはなかった。それに、

amazon.co.jp

きっと大丈夫だと思っていた。あの、事件が起きるまでは……（ガーン！）。

八月最後の週だった。毎年恒例の夏祭りが町内で開かれた。祭りと言っても、わが家のお隣の広いガレージにイスやテーブル、そして各家庭から一品持ち寄り、夕方から会食をするという気軽なものだ。年に一度だけ集まって、他愛もない会話をする。普段、顔は合わせるものの、互いに忙しい生活のなかで、立ち話などする時間もない。だからこの年に一度の会食は、ご近所さんの楽しみでもあり、子どもたちにとっては大手を振って遅くまで外で遊ぶことができる、夏休み最後の楽しいイベントなのだ。

しかし、私はというと、この祭りが開催される一週間ほど前から緊張状態が続いていた。「絶対にハリーを逃がしてはならぬ」という、なみなみならぬ決意があったからだ。ハリーのみなぎるパワーは誰よりも私がよく知っている。最近のハリーの前足は、パーの状態のはずなのに、グーの威力がある。あのとんでもなく力強い前足で誰かに飛びかかったら……想像するだけで身震いする。そして彼の尋常ではない人なつっこさは、地球を揺るがす大問題だ。お隣に大人が大勢集まるですって？　そんなの、危険なシチュエーション過ぎる！

「いい？　今日は絶対にハリーを玄関から出さないで。夕方になったらハーネスとリードをつけて、脱走しないようにしておくから！」と、朝から息子たちに言い聞かせた。緊張した私は午後六時開催だというのに、四時にはハリーの身柄を拘束。万全の態勢を整え、パーティーに持って行くための料理をしはじめた。しかし、年に一度のイベントの準備をする、大人たちの楽しげな声が聞こえだした辺りで、ハリーの悲痛な叫び声が二階のキッチンに届くようになった。「ギャヒーン！　キャーン！（自由にしてくれぇ！）」「ドガッ！（何かを倒す）」「ガッシャーン！（なにかが割れる）」「ゴゴゴゴゴ（リードを縛っていたデスクを引っ張る音）」

このままでは部屋がメチャクチャになる。急いで階下に向かい、とりあえずハリーのハーネスからリードを外し、デスクをそれ以上引きずり回さないようにした。そして、私がいる二階まで移動させようとした、その時だった。玄関が、がらっと開いたのだ。「ママーっ！」私を呼びにきた次男だった。直後、私と次男の叫び声が響いた。

「ハリーーーーッ！！！」

「ハリーッ！　ハリーッ！」

次男が叫びながら追いかける。騒ぎを聞きつけた長男も全力で追いかける。靴も履かずに、転がるようにして玄関から飛び出すと、私も必死に追いかけた。しかし、最高にハッピー状態のハリーは、ガレージに設置されたテーブルの間を縫うように、しっぽをブンブン振りながら全速力で走り抜けた。楽しくてたまらないといった様子のハリーは、近所のみなさんに次々じゃれついていった。幸い、犬に慣れている方が多かったので大事には至らなかったけれど（それでも多大なるご迷惑をおかけしたのは事実）、私は大いにショックを受けた。なぜなら、興奮したハリーをコントロールすることができなかったからだ。私の制止など一切耳に入らない様子のハリーは、大型犬慣れした大人三人がかりで、やっとのことでわが家まで引っ張ってくることができたのだ。

大汗をかきながら平身低頭で謝罪してまわる私に、パーティー会場としてガレージを提供してくれているお隣のご婦人が声をかけてくれた。「ラブってあんなもんよ。だってうちの子、三回脱走したこと、覚えてる？」

お隣さんは以前、ラブラドールを飼っていた。がんを患って亡くなったのは、確か三年ほど前だ。「大丈夫だよ。まだまだ子犬なんだし」と言ってくれたのはそのパートナーの方《かた》だった。「それに、うちの子が脱走したときに、捕まえてくれたのは村井さんだったよね」と、ご婦人。そうそう、そう言えば、最後の脱走の時は私があの子を捕まえたのだった。

「ああ、そんなこともありましたね……」と、弱々しく答える私にご婦人は「ねえ、ハリーくん、連れてきてあげようよ。いい機会だからみんなに紹介すればいいじゃないの。すぐに落ち着くから」と明るく言い、その時すでにやけ酒が回っていた私をガレージに残してわが家まで行き、ハリーを連れて来てくれた。奥さんは大型犬の扱いにとても慣れていた。ハリーはそこにいた大人と子ども全員にお腹を出して甘え、思う存分撫でてもらうと、しあわせそうにガレージの隅で寝はじめた。

翌朝、私は頭を抱えていた。方針転換を迫られている。力で制していたのでは、これ以上無理だということが明らかになったのだ。衰えていくばかりの中年の私と、これから成長しまくる予定のハリー。もうこれは、犬のしつけ教室に行くしかない。力ではなくコマンドで制することを、犬も、そして飼い主も、理解して習得せねばならないのだ。

前代未聞の二日酔いの私は、酷い頭痛と闘いながら、大型犬の訓練校の情報を探しはじめた。

# 9　秘密兵器投入！

今月に入って流血事件が二度発生した（二度とも私に）。たいした傷を負ったわけではないが、顔から流血してしまった。大型犬愛好家のみなさまからは、「悪いのは犬ではありません。人間です。飼い主です」と叱られるだろう。その通りであって、うなだれて、小さく「ワン」としか答えられない私だ。

最近、私に対する愛情がますますレベルアップしているハリーは、ことあるごとにプレゼントを運んでくるようになった。それは、ガムであったり、テニスボールだったりする。私が仕事の合間に寝転んで本やマンガを読んでいると、そんなプレゼントを運んできては、私の顔の横に置く（落とす）ようになった。そんな時のハリーは妙にうれしそうで、私も「ありがとう」と応じていた。しかし、そのプレゼントが小さなオモチャやボールの場合は問題ないのだが、巨大な牛骨となると話は別である。

先日のことだ。昼寝をしていたら、口元に衝撃が走った。ガツッとなにかが落ちてきたのだ。目を覚ますと同時に悶絶した。思わず口元を押さえる。ハリーはしっぽをブンブン振りながら、ハッハッハッと息も荒く大喜びしていた。まるで、「ほら、食えよ！」と言っているかのようだった。枕元に転がったものを老眼が進んだ目で確認すると、やっぱり牛骨だ。きつく叱るわけにもいかず（それでも叱ったけれど）、鏡で傷を確認した。唇の裏が少しだけ切れ、出血していた。思わずため息が出たが、相手は善意の塊のような子犬だ。致し方あるまい。

そしてそれからしばらくした日のことだった。お座りの練習をしていた時だ。私の目をしっかりと見つめ、きちんと指示に従うようになってきたハリー。その日も、落ち着いている時を見計らって、簡単な訓練をしていた。とにかくハリーは、優秀な時は、大変優秀な犬だ。あまりにも素直に私の指示を聞くのでうれしくなって、思わずハリーの目の前に座り、「すごいね！」と、明るく話しかけた。するとハリーは目をまん丸にして、しっぽをブンブンと勢いよく振りはじめ、ハッハッハッと興奮したかと思うと、直後、私の顔めがけて勢いよく飛んできた。大喜びのハリーの、巨大な頭が激突したのは私の鼻だった。ドーンと後ろに倒された私は、再び悶絶。悶絶していると「遊びに誘われている」となぜかプラス思考になるハリーは、大喜びで興奮して、もうどうにもならない。トンカチみたいな威力のある前足で踏まれまくり、大声を出し制して、やっとのことで抜け出した。再び、鏡で顔を確認した。鼻に歯形がついておる……。

夏祭り乱入事件、牛骨落下事件、そして頭突き事件……。すべて軽傷で終わってはいるが、やはりこのままではいけない。ハリーは日増しに力強くなっている。琵琶湖から枝をくわえて岸に戻る姿は「上陸」に近いものがある。バシャバシャというよりは、ザブンザブンだ。走る姿は弾丸のようで、ついたあだ名は「魚雷」だ。やはり、私たち家族の力だけでは、どうにもならないのではないか。プロに教えを請《こ》うべき時が来たのだ。

ということで、私は犬の訓練施設の情報をまとめはじめた。私が住んでいる地域は田舎だということもあり、ドッグランや犬の訓練学校が何ヶ所かある。その中のひとつが、実はわが家から車で数分の距離にあり、ママ友の家のお隣さんなのだ！　ヨシ、決めた！　と決意したものの、やっぱりアレよね、さすがに引っ張り癖はある程度は抑えておかないと恥ずかしいわよね……と考え、別のママ友に教えてもらった引っ張り防止効果のあるハーネスを購入してみたのだ。そしておもむろにハリーに装着してみた。

……まるで魔法だった。ハリーがリードを持つ私を、一切引っ張らなくなったのだ！　ハーネスに力が加えられると、その力の反対方向に引っ張るという犬の習性を利用した構造で、とにかく見事な効果を発揮した。うそ、うそみたい……感動しながら歩いた。これこれ、これですよ、犬の散歩ってのは！　感激のあまり、そのまましばらく歩き続け、私は久しぶりに晴れ晴れとした気持ちで散歩を楽しんだ。ハリーは何度も私の顔を見上げていた。「ほら、ゆっくり歩くって楽しいでしょ？」と、私は思わずハリーに話しかけた。

さて、翌朝のことだ。私はなんの疑いも不安もなく、ハリーに新しいハーネスを装着し、散歩に出た。いつもであれば、琵琶湖近くの駐車場まで車でハリーを連れて行き、一緒に歩く距離を最短にしていたのだが、もう大丈夫。私には新しいハーネスがあるから！　その日は、車で移動せずに自宅から歩いて琵琶湖に向かうことにした。道中、ハリーが私を引っ張ることは一切なかった。もう大丈夫だ。これからはハリーとの散歩を、こうやってゆっくりと楽しむことができると、私はしあわせを噛みしめた。

いつもの浜に到着し、いつものようにハリーのお気に入りの遊びをはじめた。

私が枝を投げ、ハリーが爆走してそれを回収してくる。琵琶湖に飛び込み、浜を激走し、ハリーは毎朝一時間ほどたっぷりと運動をする。ここ半年ほどの、私とハリーのこの日課は、これから先、ずっとずっと楽になるはずだと、私は本当に、本当にしあわせな気持ちでいたのだ。

で、でも……。ドドドと走るハリーの姿を見て、違和感を抱いた。不吉な予感がした。そして、ハッと気づいて、血の気が引いた。

ハーネスが外れてね？　いつの間にかハーネスがどっかに行ってしまってね？　アッ、ハーネスがなくなってる!!　ギャアアアアアアアアア！！！（つづく）

# 10　天使が浜に舞い降りた

ハーネスなしの大型犬の爆走が飼い主にとってどれほどの恐怖かというと、リングに突如乱入して暴れまくるプロレスラーを止められないレフリーの気持ちに等しい。しかも、その怪力レスラーが異様に人懐っこいとなると、もうそれは地獄の一丁目と言っていい。

浜辺を爆走するハリーの体からいつの間にか魔法のハーネスが消えていることに気づいた私は、思わず息を呑んだ。あまりのことに声も出なかった。しかし、焦っていても仕方がない。どうにかしてハリーを制御しなければとんでもないことになる。私は覚悟を決め、深呼吸して周囲を見回し、誰もいないことを確認した。わざわざ人のいない時間を選んで散歩をさせているし、人気《ひとけ》のない浜を選んでいる。いままで誰かに出会ったことは数えるほどしかない（当然、ハーネスもリードも着用している時の話だ)。この日も幸運なことに、周囲には誰もいなかった。

私はとにかくハリーに動揺を悟られてはなるまいと平静を装って、いつも通りに彼を走らせた。同時に、ものすごいスピードで対応策を考えていた。リードは二本持ってきている。このうち一本を首、あるいは胴体に巻きつけ、なんとか制御しながら車まで戻ればいいのだ。駅前の駐車場に停めてある車に戻ることさえできたら……アーッ！　今日は家から歩いてきてたんだったー！　ギャアアアア！

リードを巻いただけの状態で家までハリーを連れ戻すなんて不可能だ。十メートルも進めば上出来だろう。あとはもう、ハリーに乗って帰るぐらいしか思いつかないが、それもどうだろう。ある意味、すごく異様な姿だ。考えれば考えるほど、顔が青ざめてくる。とにかく、ハーネスの代わりになるものをなんとか見つけなければならない。しめ縄？　枝？　いや、待て待て、あのハーネスはどこかに必ずあるはずなのだ。最近のハリーは泳ぐことよりも浜辺を爆走することを好んでおり、深いところまで泳ぐことは少なくなってきている。どこかにある、必ずあるはずだ。老眼だけど、裸眼で両目一・五の視力を誇る私は、まずは浜辺を捜索し、落ちていないことを確認すると、次に水面をじっと見つめはじめた。幸運なことに水は透き通っている。ハリーを遊ばせつつ、周囲に気を配りつつ、じっと、じっと、水面を見つめつづけた。見つめること数分……。

あった!!　ロイヤルブルーのハーネスが見えた！　浜から三メートルほど距離はあるが、水中に沈んでいるのが見えたのだ！　私は飛び上がらんばかりに喜んだ。しかし、どうやって取りに行けばいい？　浜から三メートルとはいえ、たぶん水深は一・五メートルほどになる。私が入ればきっと胸元までびしょ濡れになる。浜辺に靴を揃えて水深一・五メートルまで入るって、見た目まずくない？かなり怪しくない？　奥さん、早まっちゃダメだ!!　とかにならない？　しかし、その時の私に選択肢はそれしかなかった。浜で長めの枝を探してくると、覚悟を決め、呼吸を整え水に入っていった。クッソ冷たい!!　シャレにならん！

ハリーはなにやら面白そうな遊びがはじまったと、私の真横にいそいそとやってきた。猛烈に腹が立つ。うわっ、冷たいッと言いつつ、そろそろと水に入っていく私の横で、ハリーはとんでもなくうれしそうな表情で、バシャバシャと音を立てて私にじゃれついていた。その時すでに全身びしょ濡れの状態だった。

あと少しだ。浜辺で見つけた長い枝を使って、ハーネスを引き上げればいいだけだ。私がちょうど膝上の辺りまで水に入った時だ。ハリーが突然後ろを振り向いた。そして首をすっと伸ばした。これは危険です。大変危険なサインです。嫌な予感がした私は、ハリーの視線の先を見た。なんと、草むらから男性の釣り人がひょっこり出てきたのだ。今!? よりによって、今、この瞬間!? いつも誰もいないのに!?

ハリーがその釣り人に向かって爆走をスタートさせたのと、私がハリーの胴体にしがみついたのは同時だった。ハリーの怪力に翻弄され、私は水からザバザバと引き上げられただけではなく、砂浜をそのまま引きずられ（そして振り落とされ）、頭から砂をかぶった。ハリーはそれでも勢いを止めず、釣り人のもとに駆け寄り、足下にじゃれついた。

「お、おはよう……ございます……」

あまりの光景に、その人の良さそうな釣り人は私に声をかけてくれた。私は必死に立ち上がると、ハリーを制止しつつ、「おおお、おは、おはようございます」と、答えた。ゼェハァしながら、その男性に平謝りした。「申し訳ありません、じつはハーネスが水に沈んでしまいまして……」と言うと、彼は水面に視線を移した。とにかく、早く通り過ぎてくれ、ハリーをなんとか捕まえておくから、とにかく、ここを離れてくれ……そう心のなかで祈っていた。

すると彼は「ちょっと待ってくださいね、やってみますから」と言って、ハーネスの位置をしっかりと確認した。そしてルアーを投げ、たった一投でハーネスを釣り上げてくれたのだ。信じられなかった。なにこの人、天使？　惚れてまうやろ？

「ありがとうございます、ほんと、ありがとうございます!!」と叫ぶ私に若干後ずさりしつつ、その男性は優しく「ここに置いておきますね」と言って、釣り上げたハーネスを浜に散乱する私の荷物の近くに丁寧に置くと、笑顔で去って行った。

ハリーを抱きかかえたまま、呆然とした。とにかくハーネスは戻った。やさしい釣り人さんが釣り上げてくれた。これで家に戻ることができる。その親切な男性の後ろ姿を見つめつつ、助かった……と、思わずつぶやいた。ハーネスをハリーに着用させ、ふと自分の姿を見ると、靴は脱げて散乱し、帽子は水に浮かび、頭から砂をかぶって全身真っ白だった。

この日以降、散歩にはハーネスを二本持って行くようになった。滅多に人がいないあの時間の、あの浜で、あの瞬間に釣り人がひょっこり現れたのは、ほとんど奇跡と言っていい。あの時のやさしい釣り人さん、本当にありがとうございました。

最後にもう一度。惚れてまうやろ?

# 11 はじめての学校

幾多の困難を（飼い主が）乗り越え、ハリーはとうとう十ヶ月になった。ハリーがわが家にやってきたのは、三ヶ月目の時だったので、家族の一員となって七ヶ月経過したということになる。

七ヶ月……。七ヶ月もの間、私は彼に翻弄されつづけたのだ。そう考えると、ため息のひとつも出るというものだが、大人しい時のハリーは相変わらずとても従順で、素晴らしいコンパニオンドッグである。そして、犬バカレベルが最高潮に達している飼い主である私から見ると、まれに見るイケワンで、ブラッド・ピットにも負ける気がしない。むしろ余裕で勝っている。で・も・ね……。彼の頭の中は、未だに百パーセント子犬状態なのだ！　それも、もうどうにかして〜！というレベルで。

何度か書いてきたけれど、ハリーの怪力と予測不能な動きに対応するのも限界に達しつつあった。もちろん、プロの助けが必要だということは承知していたけれど、その時間を確保することすらできなかった今年の夏は、とにかく湖まで引っ張って行って、枝をブン投げて走らせ、疲れさせることだけに集中するしかなかった。当然、私はまったく楽しくないし、事件も発生した。ハリーが楽しければそれでいいとは思うけれど、それでも、犬の散歩って、もっとゆったりと歩き、時々足を止めては辺りの景色を楽しみ、犬を従えベンチに座って、コーヒーの一杯でも飲む……そういうものじゃないの？　ほら、パリの街角でよくあるでしょ、そういう風景？　一体どうやったらカフェの店先で犬と一緒にコーヒーが飲めるの？　私にとってハリーと湖に行くという行為は、散歩というよりも競技に近くなっていた。それも、神経をすり減らすような過酷な競技だった。

ということで、満を持してトレーニング・センターデビューを果たした私とハリーなのである。わが家からそう遠くない場所に、犬の訓練ができる施設があるのは知っていた。ハリーの様子を見た知人から、何度も、早く行くべきだと言われてもいた。多忙を極めた夏が終わり、季節は秋。トレーニングを開始するには、私にとってもハリーにとってもいい時期になったように思えた。怖々と電話をし

てみると、インストラクターのKさんは明るい声で、「今日はグループレッスンがありますから、見学に来られますか?」と言う。ドキドキしたけれど、「ハイッ」と答え、ハリーを連れて、すぐさま現地に向かった。

大きなドッグランのある施設で、Kさんが出迎えてくださった。飼い主以外には素晴らしくお行儀の良い姿を見せるハリーは、私を引っ張り回すでもなく、静かに施設内に入っていった。心の中で「怪物め、早く正体を見せろ!」と思いつつKさんに挨拶をし、ハリーの状況を説明した。

「とにかく、すごく力が強いんです。散歩が大変だし、危険だし、人間が大好きなので飛びつきたがりますし、甘噛みもまだあります」と言うと、うんうんと聞いていたKさんは、なるほどというような表情でハリーを見ていた。ハリーは私の指示でお座りをしていたものの、徐々に興奮し、しっぽをブンブンと振り、とうとう我慢できずにKさんに飛びついた。しかし! さすがはプロフェッショナルだ、そんなハリーを秒速で制するKさん! 退治&成敗!

Kさんとハリーの状況について話をしている間に、次々と、訓練に参加する犬と飼い主が現れた。実は、ハリーは今まで他の犬と接したことがほとんどない。唯一、息子の同級生のご家族が飼う、ジャックラッセルテリアのスプラウトとだけ、何度か会ったことはあった。ハリーはスプラウトに対してとても友好的だったし、性格的にきっと他の犬にも友好的だろうと想像はできたけれど、なにせ体格が体格なので、私が怖《お》じ気《け》づいていたのだ。一時間弱のレッスンの間、ハリーはとても大人しくお座りをして待っていた。私が握るリードにテンションをかけるでもなく、私の横にぴったりとくっついていた。

レッスンが終わり、自由運動の時間になった。Kさんが「ハリーも走らせていいわよ」と言ってくれたのだが、私はかなり不安だった。それでもKさんが「ハリー、いい子だから大丈夫よ」と言ってくれたので、緊張しながらハリーのリードをハーネスから外した。

するとハリーは、勢いよく走り出し、大喜びで他の犬たちに合流すると、ぐるぐるとノンストップで遊び続けた。表情がまったく違う。心の底から喜んでいるのがわかる。そして、とても友好的だった。そうか、ハリーはこれがしたかったのか。彼はきっと、こうやって犬たちと楽しく遊びたかったのだ。まったく予想外の展開だったけれど、ハリーのうれしそうな表情を見て、他の犬たちとの交流は大きな学びになるのかもしれないと思った。

帰るのがイヤだと頑として車に乗らずに駐車場で粘っていたハリーだったけれ

ど、Kさんに促されて車に乗ると、途端にウトウトしはじめた。家に戻ると、あっという間に熟睡。その日はずっと従順で、落ち着いた様子だった。翌朝になっても静かで落ち着いたハリーは、まるで別の犬。運動できただけではなく、知的好奇心も満たされたであろう彼は、その後も随分とご機嫌だった。

私も心が晴れて、この先のハリーとの暮らしが楽しみになった。私だってきっとできる。いつかハリーを連れて、ゆっくりと散歩できる日がきっと来る。そう思えたのだ。

# 12 散歩の時間

朝晩ぐっと冷え込むようになって、私の住む琵琶湖西岸にもとうとう秋がやってきたようだ。夏の終わりに発生した台風で大きな被害を受け、ハリーと日頃通っている琵琶湖の浜辺も様子が一変してしまった。立派だった松の木が何本も根元から倒れ、無残な姿になっている。かろうじて倒れなかった木も、枝が引きちぎられるように折れてしまい、なんとも気の毒な姿だ。美しかった浜辺は随分と形が変わり、遠浅になった印象がある。大きな自然の力を前にして、穏やかなだけの湖ではないのだと痛感している。

それが理由というわけではないが、最近のハリーと私は、週末以外は浜辺に向かうことが少なくなった。町内をゆっくりと時間をかけて散歩することを楽しんでいる。ハリーと一緒に歩く練習を重ねなければ、いつまでたっても普通の散歩なんてできないという、ある意味当然のことを悟り、決心したのだ。琵琶湖まで車を走らせて、泳がせて、さあ帰るぞ！　なんてことは、遊びではあっても散歩ではない。ハリーにとってとても重要な、飼い主と歩調を合わせる訓練にもならない。浜辺を思う存分走らせれば、ヒャッハー！な犬はできあがるが、あの体の大きさでヒャッハー！だけでは問題だらけである。

　最初のうちは、魔法のハーネスを装着した状態でも引っ張る力は強かった。しかし、毎日少しずつ、根気よくハリーに言い聞かせ、立ち止まらせ、歩調を合わせることで、最近では引っ張る回数も随分減ってきた。私との繰り返しのやりとりも効果があったとは思うけれど、なによりハリーを満足させ、ゆったりと歩かせているのは、好奇心なのではないかと思う。今まで歩かなかった山道、渓流、田んぼのあぜ道。鹿の角が落ちていたり、他の犬や、野生の生きものが歩いた跡もある。そんな、今まで知らなかった情報のすべてが彼にとっては楽しいのだろう。立ち止まって周囲を眺めたり、においを嗅いだりする回数が増えたのだ。

　同じ道を散歩するから、毎朝顔を合わせる人たちも増えた。小学生の通学路のパトロールをする人、横断歩道で旗を持つ人、登校中の子どもたち……毎日出会うそんな人たちに声をかけてもらうことで、ハリーは徐々に地域に溶け込んできた。「なんだ、あの黒い大きい犬は！」とか、「脱走した黒犬はあいつか！」と噂されていた時期は、もう過ぎたはずだ（そう信じたい）。今ではどこに行っても、「ハリー！」と声をかけられる。毎日、近所の保育園の園児たちが、ハリーを見学しにベランダの下まで来てくれる。当のハリーも、とてもうれしそうだ。

朝夕とひたすらハリーを散歩させている私はといえば、心身共にすっかり健康になってしまった。ハリーの散歩があるからと、深酒は減った（体重は減ってない）。仕事に行き詰まり、ああもうダメだと気分が沈みはじめると、自分を奮い立たせ、リードを握りしめ、ハリーと一緒に外に出る。しばらく歩けば、心のもやもやなどどこかへ消えてなくなっている。こうやってハリーと外出することで、心の霧が晴れなかったことなど一度もない。どんなに寒くても、雨が降っていようとも、朝、ハリーと一緒に散歩に出て、しばらく歩いて家に戻れば、何にも代えがたい達成感を得ることができる。私はやるべきことをやり遂げたのだ、今日もハリーを満足させることができたのだという、ささやかではあるけれど、確かな喜びを毎日得ることができる。こんなに大きな犬を散歩させたのだという、わずかな自尊心が少しずつ積み重なって、私に力を与えてくれていることは間違いない。

何より嬉しいのは、ハリーが私の労力に応えてくれることだ。散歩で楽しい時間を重ねれば重ねるほど、ハリーは私に愛情を返してくれる。一緒に歩けばそれだけ、心が近くなる。これほど単純なルールもない。そして、これほど飼い主にとってうれしいルールも存在しないのではないか。だって、一日のうちわずかな時間を犬と共有し、歩き、楽しめば、それでいいのだから。満足した時のハリーほど愛らしい存在は、なかなかいないとさえ思う。散歩が終わり、フードを食べた後のハリーの落ち着いた表情は、なんともイケワンである。隣に座ればうれしそうに体を預けてくる。話しかけると、真っ黒い目でじっと見つめてくる。本を読めば、一応、ハリーも本を読んでいるようなフリまでしてくれる。

私が時間と労力を割いて多くをハリーに与えているのは、私がより多くを与えられているからだ。確かに、力も強いしやんちゃなところはまだ残っているけれど、あの甘えん坊で優しい性格は、そのまま大切に育《はぐく》んでやる価値があるはずだと思う。大変だと口では言いつつ、さほど苦労だとは思っていない理由がそれだ。むしろ、大きなぬいぐるみたいな犬が朝から晩まで側にいてくれる日常を、どうしたら苦労だなんて言えるだろう。家の中はボロボロになってきているけれど、そんなことさえどうでもいいと思えるほど、私はハリーとの日常を楽しんでいる。

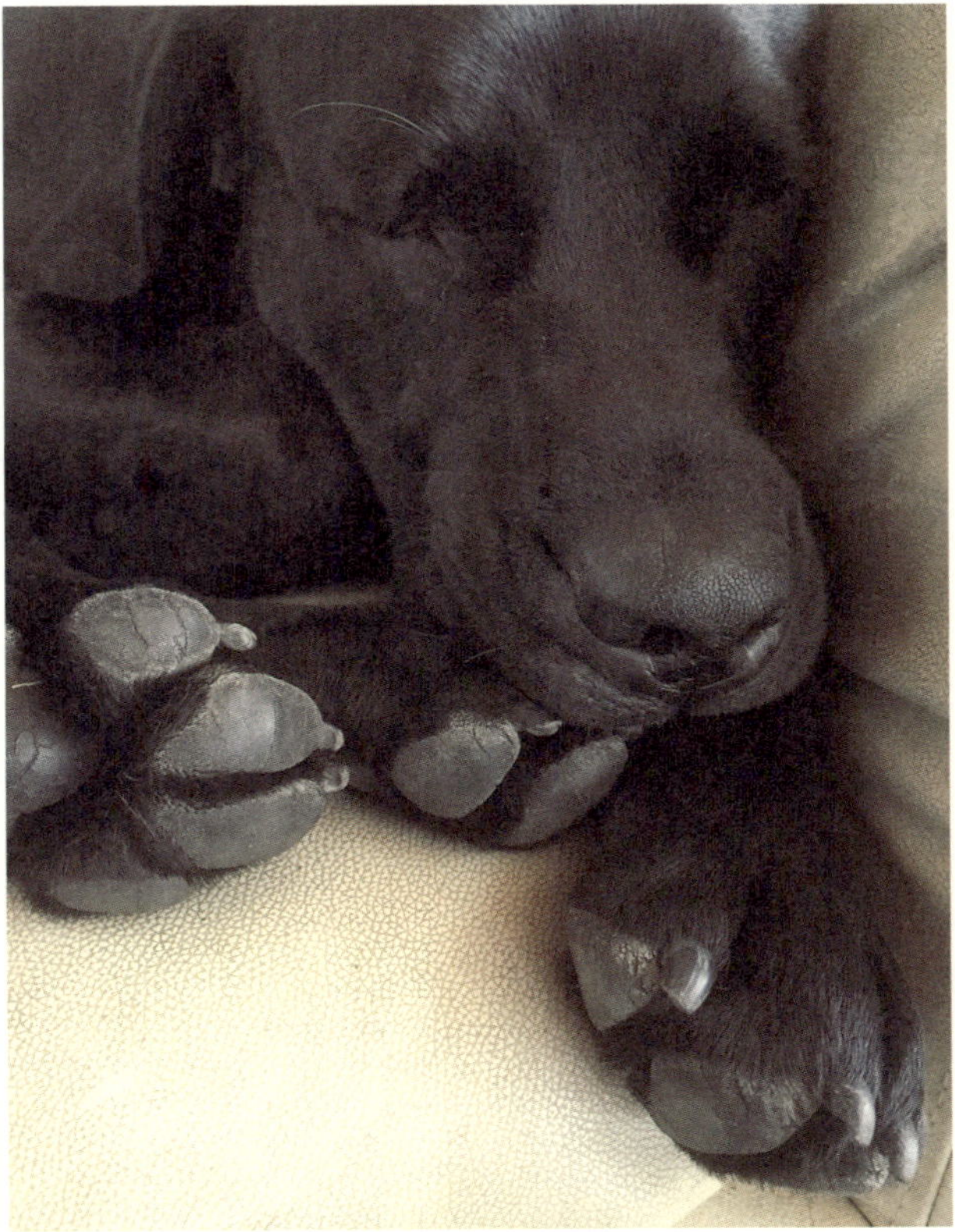

# 13 双子といっしょに

最近、ハリーと息子たちの間で静かなバトルが繰り広げられている。

ハリーがわが家にやってきた生後二ヶ月過ぎの頃、ハリーは、本当にかわいらしく、まるでぬいぐるみのようだった。そんなぬいぐるみのようなハリーに息子たちは夢中になった。朝、登校時間が迫っているというのに、すやすやと眠るハリーをいつまでもうっとりと眺め、名残惜しそうに家を出る。下校時間になると、どこからともなく、二人がバタバタと走って家まで戻る音が聞こえてくる。玄関よりずっと手前から、ハリー、ハリーと大声で叫びながら走って戻ってくるのだ。

そんな息子たちに、ハリーも夢中になった。毎日、二人の帰りを玄関で待ちわびるようになった。ぬいぐるみのような子犬のハリーと十歳の双子。まるで三兄弟のように仲が良かった。

しかし、ハリーの体がどんどん大きくなって、力ではハリーに勝てなくなった頃から、二人と一匹の関係が少しバランスを失うようになった。血気盛んな次男とハリーは、やんちゃな遊びをするようになり、やがて派手に喧嘩するようになった。見ているこちらはハラハラするばかりだった。ハリーはそれでも、ワイルドな刺激を与えてくれる次男が気に入り、同時に、大人しい長男に対してプレッシャーをかけるようになった。長男がハリーもお気に入りのソファに座ると、シャツの袖やジーンズの裾を噛んで、激しく引っ張る。つまり、「そこはボクの場所だ！」と主張しているのである。ハリーがわが家にやってくるずっと前からそこは長男の場所だった。だから、物静かな長男だって譲らない。ハリーは長男の服に穴をたくさん開けた。

そんな二人と一匹の様子を見て、放置するわけにはいかないと思った私は、二人に言い聞かせた。ハリーが少しでも反抗して攻撃したり、興奮して態度をエスカレートさせるときは、一旦遊びを中断し、ハリーの注意をそらすこと。落ち着いた声でハリーに話しかけ、座らせ、座ることができたら褒《ほ》め、おやつをあげることを徹底させた。それから、帰宅時に大声でハリーを呼び、興奮させることも止めるように言った。そんなことを根気よく繰り返し、数週間で、息子たちに対するハリーの態度はずいぶんと改善された。私も注意してハリーを監視したし、息子たちも大型犬のしつけの重要さをしっかり理解した。

さて、問題はここからだ。二人と一匹の関係がしっかりとしたバランスをとり戻したことはよかったが、今度はハリーの片思いがはじまった。子どもというのは本当に正直な生きもので、ぬいぐるみのような子犬のハリーは無条件に愛していたものの、筋肉モリモリの馬のようになり、強い力を持ったハリーのことが怖いと感じられる場面が増え、距離を置くようになったのだ。もちろん、今でもハリーのことは大好きだろう。ただ、ハリーが少しでもしつこく関わりを求めたりすると、ハリーを子ども部屋から閉め出すようになった。ふわふわの子犬の頃は散歩に連れだしてリードを握ることはできたが、今となってはそれは無理な話だ。そんなことも少し関係しているのかもしれない。

しかし、当のハリーはそんな子どもたちのわずかな心の変化なんて理解できない。今まで兄弟のように仲良く暮らしてきたというのに、時々、部屋から閉め出される。それも、息子たちの友達が遊びに来た時なんて、ワイワイがやがやと楽しそうな声が漏れ聞こえてくる部屋に、一歩も入れてはもらえないのだ。ハリーは、息子たちの部屋のドアに、盛大に体当たりするようになった。前足で必死に

ガリガリとやって、ドアを開けてくれとせがむ。子どもたちは、ハリーが必死になればなるほど、きゃあきゃあと興奮して叫ぶ。大声でハリーをはやし立てる。ハリーの眉毛はどんどん八の字になる。私は、どちらの気持ちもよくわかるだけに、ハリーにハーネスをつけ、外に連れ出し、ハリーの気を紛らわせてやるようになった。

それにしたって、子どもも犬も、正直な生きものだと思う。お互い、気持ちを誤魔化すことができない。深くつながり合っているからこそ、互いに感情をぶつけ合って、否定したり、抱き合ったり、本当に忙しい。ハリーが少しでも具合が悪そうなそぶりを見せれば、涙を浮かべて心配し、ハリーを抱きしめ、早く元気になってと言うくせに、お友達が来ればハリーなんてそっちのけだ。ハリーだって、大人がいれば大人にべったりくっつき、騒がしい子どもを煩《わずら》わしいといった風情で無視することも多い。嘘がつけない。大人のように取り繕《つくろ》うことができない。それが子どもというものだし、それが犬というものだと私は思う。そんな正直な生き方を、少しうらやましくさえ思う時がある。

ペットを飼うというのは、簡単なことではないと改めて思う。きれいごとばかりでは済まされない。子どものいる家庭では、その力関係がとても重要だ。ひとつ間違えば、大きな悩みのタネになってしまうことは確実だからだ。

幸い、わが家の息子たちは根っからの動物好きだから、ハリーが逞《たくま》しく成長した今も、微妙な関係を保ちつつ、喧嘩もしながら、楽しく暮らすことができている。「大嫌い！」と「大好き！」を繰り返しながら、どんどん、ハリーを愛する気持ちを増やすことができている。犬も子どもも、毎日、少しずつ成長しているのだ。その双方の姿を見るにつけ、なんとも言えない喜びを感じている。

# 14 空気読もうよ

先日、いつものようにハリーを散歩させていた時のことだ。まだそんなことをやっているのかと呆れられそうだが、またハリーと一悶着あった。

ハリー自身が幼いことが理由かもしれないけれど、ハリーはとにかく子どもが好きだ。子どもに声をかけられたり、息子の友達がわが家に遊びに来たりすると、本当にうれしそうにしている。残念なことに、そんなうれしそうなハリーを当の子どもたちは怖がっているのだけれど、それでもハリーはお構いなしに一方的な愛を押しつけている。

その日の朝も、いつもと同じ時間に、いつものコースをぐるりと回って、家までの道をのんびりと歩いていた。ハリーはすこぶる優秀で、私の言うことをよく聞いて、リードを引っ張ることも少なかった。しかし、小学校横の道を通りかかった時のことだ。校舎のサッシの窓が、バーン！という音を立てて勢いよく開き、「ハリー！」と呼ぶ大声が聞こえてきたのだ。声の主はわが家の次男だった。散歩する私とハリーをめざとく見つけ、大声でハリーを呼んだのだ（腹が立つ）。

その次男の声を聞いたハリーは大いに混乱した。大好きなあの子がボクの名前を確かに呼んでいる！　どこからかはわからないけれど、あの子がボクを必要としている！　どこ!?　どこなの!?　……このようなハリーの内なる叫びが、私の握るリードにすべて反映されている様をご想像下さい。またも、魔の引っ張り回し事件の発生であります。

ハリーは激しく狼狽し、せわしなく動き回って次男を探した後、今度は首を伸ばして全身を緊張させ、ピタリと動きを止めた。肩甲骨の真ん中あたりの毛が、逆立っている。まずい、これはもしや警戒モードなのか!?　まさかハリーは次男が危険な状態にあると認識しているのか!?　ハリーはそのうち、ヒーヒーと鳴き声をあげはじめ、落ち着かない様子で急いで前に進み始めた。私は必死になってリードを握り、ハリーの動きを制していた。そんな状況も知らず、次男はのんきに「ハリ～、ハリ～」と叫び続ける。オイッ、やめろっ！　と次男にジェスチャーを送るも、次男は一切気づかない。アイツ！　ああ、腹が立つ!!

そして、こんな時に必ずひょっこり現れるのが、園芸場の軽トラおじさんである。この日も、なぜこのタイミングなのかというその時に、ハリーの動きを必死に制している私の方向にむかって、時速二キロぐらいで走ってくる白い軽トラが見えた。ああ、こんな時に、またあの犬好きのおじさんが来てしまった！　自分の不運を呪いたかった。

このおじさんは、小学校近くの園芸場経営者で、毎朝、軽トラをゆっくりゆっくりと走らせている。無類の犬好きで、ハリーのことを大変気に入っている様子だ。ハリーと出会う度に、わざわざ軽トラを停め、窓を開け、意味ありげな笑みを浮かべながら、「ラブやな」とか「オスやったか？」とか、「その犬、おっちゃんにくれ」などと私に言う。普段はにこやかに相手をしているわけだが、今は無理！　おっちゃん空気読んでくれ、頼む！　しかし、おじさんはやっぱり軽トラを停めて窓を開け、タバコに火をつけつつ、私にこう言った。

「力、めっちゃ強いな」

知っとるわい！　見ればわかるやろ！

ハァハァと呼吸しつつ、「そっ、そうですね」と答えたが、その最中もハリーは次男を探して、ものすごい怪力で私を引っ張り回していた。ハリーはとにかく必死に家に戻ろうとしているようだった。たぶん、次男は家にいて、早く帰ってこいと呼んでいるとでも解釈したのだろう。とりあえず小学校から離れなければならないと、リードのテンションを緩めず、ハリーに引きずられないように全力で制御しながら前に進んだ。私の姿に殺気を感じたか、次男は窓を閉めて、教室に戻ったようだった。

それから数分、ハリーの馬鹿力と全力で格闘し、人のいない川沿いに着いたところで、爆発した。もう限界だった。体力的にも限界、精神的にも限界だ！　腹が立って腹が立ってどうにも自分を抑えられず、ハリーに向かって「勝手にしろ！」と叫び、リードを地面に叩きつけた。

するとハリーは、そんな私を驚きの表情で見つめ、動きをピタリと止めた。まるで、「エッ!?」とでも言いたげな顔だ。予想外なハリーの反応に、思わず「ハッ!?」と、声が出た。それから、私とハリーの間で、「ハッ？」と「エッ？」の応酬が繰り広げられ、一人と一匹がお互いの意図を読めずに見つめ合うこととなった。仕方なく私はリードを拾い、ハリーは少し前のことなど覚えていないかのように、普通に歩き出したというわけだ。

後から気づいたことだけれど、どうもハリーは、私がリードを握った時のみ、前に進むことができると思っているようだ。だからこの時も、私がリードを手放した瞬間に動きを止め、早くリードを持ってくれと促したのかもしれない。

　帰宅した次男には、ハリーを呼んじゃダメだと釘を刺したが、いやはや、まだまだ気を抜くことなんてできない。自分は猛獣使いであると思って、これからも訓練に励むしかない。

# 15　ハリーの世界

年末年始はこれでもかというほど、ハリーとべったりと過ごしてしまった。朝から晩まで、まさにコンパニオンドッグとして私に完璧に付き合ってくれたハリーである。散歩では、私を引っ張り過ぎることなくどこまでも上機嫌で歩き、湖では寒さをものともせず豪快に泳ぎ、家の中ではまるで哲学者のように落ち着き払って過ごしている。

体格は、もうこれ以上大きくはならないだろうと高をくくっていた数ヶ月前より、明らかに大きくなった。胸がより一層厚くなり、手足の筋肉はこれまで以上に力強い。お手をさせるとあまりのパワーにこちらの手首が心配になるレベルだ。ハリーがその屈強な前脚でドンと押すと、わが家の寝室の引き戸はいとも簡単にレールから外れて倒れてしまう。尻尾を振ったらイスが倒れる。吠えると鼓膜が震え、風が吹く。

元々広めだった額はより一層広くなり、同時に、眉間のくぼみがますます深くなった。マズル（鼻口部）は大きく、真っ黒い鼻が異様な存在感を放っている。びっしりと生えたビロードのような被毛が額の骨格に沿ってなめらかな曲線を描く。見れば見るほど大自然が生み出した奇跡の風景のように見える。まるで月光に照らされた夜の渓谷のようではないか。そのダイナミックさはまさにアメリカのグランドキャニオン、いやいやペルーのコルカ渓谷も真っ青である（行ったことないけど）。

しかし、ハリーの素晴らしさはその体格やパワーだけではなく、穏やかな性格にある。子犬の頃のやんちゃな気質は今もわずかに残るものの、とにかく大らかで優しく、どっしりと構え、何事にも動じない雄犬だ。相手によって臨機応変に対応を変えることにも長《た》けている。例えば、私に対する接し方と、夫に対する接し方はまるで違う。私には思いきり甘え、そして、夫には忠犬としての顔を見せる。客人が現れれば体全体で歓迎してみせ、お腹を出してサービスすることも忘れない。まさにイケワンここにありといったところだ。

こんな感じですっかりどうかしてしまっている飼い主の私だが、こんな私に冷たい視線を送っているのは、実は夫である。夫曰《いわ》く、今のハリーの私に対するべったりとした態度は、あまり良いものではないというのだ。最近にはじまったことではないが、ハリーは私が視界から消えると明らかに落ち着きを失い、部屋の中でうろうろとしはじめる。外出すると、私が家に戻るまで玄関から離れようとしない。私が家から一歩でも出るそぶりをみせると（車のキーを手にする、コートを着るなど）、どんなにリラックスした状態でも飛び起きて、一緒に行こうと必死になる。夫は、ハリーは強い不安を感じているのではないかというのだ。何事にも動じないはずのハリーの、唯一の弱点が「私」になってしまっている状況だ。

もちろん、私もそれには気づいている。いわゆる、「分離不安」という状態なのではないかと思うのだ。それほどひどいとは思えないが（私がいなくても家族の誰かが一緒にいれば、ある程度落ち着いているから）、思い返せば子犬の頃から、ハリーは家での留守番がどうにもこうにも苦手だった。ケージに入れて三十分ほど家を出て帰宅すると、ケージだったものが床に散乱していることが何度かあった。

先日、私が仕事で二日家を空けることがあり、三日目の朝に帰宅した時のこと。

私が戻る時間まで待つことができず、やむなく出社した夫は、ほんの一時間ほどしか一匹で留守番させていないと証言していたが、駅から家路を急ぐ私の耳にははっきりと、ハリーの悲しげな遠吠えが聞こえてきたのである。後日近所のご婦人から、「あの日の遠吠えは悲しかったわ」と声をかけられた。

「こんな状態は分離不安！」のような項目を調べれば、ざっと見ただけで「はい、アウト〜!!」と言いたくなるほどハリーにぴったりなものばかりだ。原因は甘やかし過ぎる傾向の飼い主にあるとされる記述が多いが、本当だろうか。私の場合、心の中ではベタベタにかわいがってはいても、そこはやはり一線を引いているつもりではあるからだ（本当でしょうか）。とにかく、専門書をいくつか読み、専門家の意見も調べ、辿り着いた答えは、ハリーに社会性を持たせることと、ハリーだけの居場所を作ることだった。

具体的に言えば、もっともっと飼い主以外の人間や犬と交流する時間を増やしてハリーの世界を広げてやること、そしてクレート（犬の運搬用ケージ）を購入することだ。去年通い始めたトレーニングセンターに今年もしっかりと通うことで、ハリーの世界は広がるのではないかと期待している。去年私がこの目で目撃した、トレーニング後のハリーの変化を見れば、それは大いに期待していいと思う。そして、クレートの中をハリー自身が自分の場所であり、快適な寝床と認識することで、留守番も安全に、楽しくできるようになるだろう。これは、トレーニングセンターのインストラクターKさんに助言していただいたことだ。

何度も書いてきたことだけれど、大型犬の飼育は飼い主の生活スタイルを、人生を、がらりと変えてしまう。ここは腹をくくって、ハリーのよりよい生き方を共に模索してやらねばならない。かわいがるだけでは足りない。散歩をさせていればよいという話でもない。犬として、どのように生きるのか、生かしてやることができるのか。大型犬の飼育は、飼い主にこういった難題を突きつけるものであるとも感じている。

# 16 入院

突然の告白で申し訳ないが、実は二週間以上も入院していた。心臓に疾患が見つかってしまったのだ。それはいいとして（いや、全然よくはないんだが）、困ったのはハリーのことだった。

今まで何度か書いてきた通り、ハリーは私にべったりの、甘えん坊で分離不安気味の犬だ。体は大きいが、まだまだ子犬で頭の中は幼い限りである。なにせ、一歳になったばかりだ。今までは自宅勤務の私と毎日休まず散歩に行き、日がな一日、自由気ままに過ごしてきた。唯一の仕事は私のお供で、行き先がどこであってもぴたりと横にくっついて離れなかった。私はそんなハリーが愛おしかったし、ハリーもそんな生活を気に入っていただろうと思う。そんなことではダメだとわかっていても、まあ、あとしばらくはいいよね……なんてのんきに構えていたら、突然、ハリーにとっては大ピンチの状況になってしまった。

私が急遽《きゅうきょ》入院し、忽然《こつぜん》と家から姿を消したため、ハリーのパニックがはじまった。私も、突然入院することでハリーの生活に大きな変化が起きることは当然予測できてはいたが、それにすぐ対応できるほど、自分の病状は軽くはなかった。救急病棟に入院した直後に、夫とはハリーをどうするかという話にはなったけれど、そこで何かを決めることはできなかった。それよりも、自分のことで精一杯だし、ベッドに縛り付けられているような状態の私にできることは少なかった。

それでも、安心できる材料はわずかだがあった。入院当日は土曜日だったから、とりあえず週末の二日間は、ハリーは家族と一緒に過ごすことができる。月曜からは、近くに住む夫の両親がハリーと一緒に過ごしてくれることになった。高齢の両親が、あの魚雷みたいな犬をどうやって制御するのだと不安はあったが、選択肢はないように思えた。誰もいない家で留守番することに比べれば安全だろう。午後になれば子どもたちが戻る。夕方には夫が戻る。それでなんとかつないでいけるだろう。私の入院も数日で済むはずだと思ったのだが、実際のところ半月も入院することになった。

入院してから一週間ほど経過した日のことだった。近所の人からメールが来た。

何気なく読んでみると、「ハリーくんが脱走してます」とあった。突然のことで、まさに心臓が止まるほど驚いた。二十四時間、心電図の機械をつけて心拍をモニタリングされていた時期だったので、看護師さんが病室にやってきて「村井さん、大丈夫？」と聞いたほど脈が乱れた。右手には点滴が刺さっている痛みがあって、メールを打ち返すことができない。慌てて左手で打とうとするも、手が震えてケータイを二回も床に落とした。急いで拾おうとすると呼吸が乱れる。もう、何がなんだかわからない。しばらくすると何通かメールが届き、ハリーはご近所の皆さんが無事に捕獲し、なんとかして家まで連れ戻してくれたということだった。

何を追いかけて走ったのか、誰を探していたのかは、今となっては全くわからないけれど、ハリーはずいぶん遠くまで行ってしまっていた。それまで、まるで目に見えない壁でもあるかのように、ハリーはわが家の庭から一歩も外に出ない犬だった。教えたわけではない。ハリーは外の世界よりも、家族がいる家の中の方が好きで、庭に出してもあっという間に戻ってくるのだ。そのハリーが、隙を見て玄関を飛び出し、遠い場所まで行ってしまった。首輪も、名札も、何もつけていない状態で。

病名を告げられても、涙ひとつ出なかったというのに、ハリーが遠くまで走っ

て行ってしまった事実を考えると、どうしようもなく悲しくて、真っ暗な病室でその日は夜中まで泣いた。

　さて、現在のわが家がどうなっているかを報告しよう。私はすでに退院して、ゆっくりではあるが仕事にも復帰している。ハリーは、週三回、トレーニングセンターに通い、朝から夕方までクレートトレーニング（クレートに慣れる訓練）をしたり、他の犬たちと広いドッグランで遊んだりして、とても楽しく過ごしている。トレーニングセンターがお気に入りのようで、意気揚々と出かけては、遊び疲れて帰ってくる。トレーナーさんは、ずいぶん賢くなりましたよと言ってくれる。それでも、リードの引きはまだまだ強く、訓練が必要であることは変わりないようである。

　ハリーと一緒に散歩に出ることは、今の私にとっては夢のような話になってしまった。少なくとも、この寒い冬が終わるまでは大人しく暮らした方がよさそうだ。ハリーの爆発するような生命力を見ていると、素直にうらやましく思える。私も早く元気になりたい。飼い主の体力はすっかり落ちたものの、ハリーの忠誠心は揺るぎないもので、今現在も、ハリーはぴったりと私の横につき、いつ何時でも準備万端整っている状態である。私の言うことであれば、百パーセント応えてくれている。

私が退院した日、夫と一緒にハリーも病院まで迎えに来てくれた。一年前のちょうど同じ日、私はハリーを大阪の空港まで迎えに行った。一年後のまったく同じ日に、今度はハリーが私を迎えに来てくれた。まさか自分の人生がここまでひっくり返るとは思っていなかったが、それでも今の私には常に寄り添ってくれるハリーがいる。私が再びハリーと長い散歩に出ることができるほど回復する頃には、彼も成長することだろう。きっと強くなれるはずだ。私も、そしてハリーも。

# 17 トレーニング・デイズ

ついにハリーの本格的な「幼稚園生活」がはじまった。私が病気になり、ハリーの散歩ができなくなったこと、入院していた私と一定期間離れたことでハリーの分離不安が悪化したこと、そしてなにより、体は大きくても頭の中は子犬のままのハリーに、しっかりとした訓練が必要になったこと（主に馬鹿力のコントロール）などを考慮して、ついに、トレーニングセンターに通うことにしたのは、前回書いた通りだ。

本来、犬のトレーニングとは、飼い主のトレーニングなのだそうだ。飼い主自身が訓練に参加しなければ、あまり意味はないのだと聞いた。理由は、飼い主が訓練方法を学んで犬に的確に指示を出すことが訓練には最も重要であって、トレーナーさんに任せきりになれば、トレーナーさんの言うことは聞いても、飼い主の言うことを聞かない犬に育つ可能性があるからだ。しかし今回ばかりは、仕方がない。私がハリーと訓練に参加することは、冗談抜きで命がけになってしまう。そこで特別にお願いして、私が回復するまでの間、とりあえず基本的な訓練と運動ができるよう、日中、ハリーを預かっていただくことにしたのだ。

ハリーの幼稚園生活の主な目的は、私を含め、家族との分離だ。ハリーにとって、トレーニングセンターに通うことが日常となり、そしてそれが彼にとっての楽しみとなるよう、時間をたっぷりかけて導くことだ。トレーニングセンターに行けば、多くの犬と飼い主さんに会うことができる（ハリーは犬も人間も大好きだ）。トレーナーさんと、広いドッグランで思いっきり走り回り、アジリティー（障害物競走）の練習をし、自分のスペース（クレート）で昼寝だってできる。最初のうちは、家に戻る私の車の後追いをしていたハリーも、三日も経てば私のことなど振り向きもせず、大好きなトレーナーさんに向かって猛ダッシュしていくようになった。素晴らしいことだ……ちょっと寂しかったが。

そして、ハリーにとってはハードルが高いと思われる、トレーニングセンターでの一泊についても練習がはじまった。最初はクレートに入ることを断固拒否し、トレーナーさんと二十分もにらみ合いを続けていたそうだ。素直なように見えて、意外にもハリーは頑固らしい（あまりに言うことを聞かないので「おぼっちゃま」とあだ名をつけられたそうだ）。しかし、ハリーよりも頑固なトレーナーさんの指示に根負けすることも増えてきたそうで、今ではクレートの中でいびきをかいて熟睡していることも多くなったと聞く。家の中で自由気ままに歩き回っていたハリーも、トレーニングセンターでは他の犬たちと同様、リードでつながれ、一定の時間、静かに指示を待つことも要求されている。その訓練の写真を見たが、ハリーはこれ以上無理なほど情けない表情をしていた。爆笑した。

こうしてハリーは、トレーニングセンターに行くことに少しずつ慣れ、今となっては、朝、決まった時間になるとはしゃぎだし、私と一緒に家を出ると、大喜びで車に飛び乗るようになった。トレーニングセンターに行くことがうれしくてたまらないのだ。車中でも、期待感で落ち着くことができず、前足をバタつかせては鼻を鳴らしている。トレーニングセンターに到着し、車のドアを開ければ、猛スピードでトレーナーさんに駆け寄り、「飛びつかない!!」と叱られている。しっぽを振りまくって、ご機嫌を通り越して、超ご機嫌だ。こうやってハリーは、朝の九時から夕方まで、多くの犬やトレーナーさん、飼い主さんたちと一緒に訓練をして過ごしている。迎えに行くと、遠くから私を見つけ、うれしそうに駆け寄ってくる。満足げな顔をしたハリーは、とびきりのイケワンだ。

ハリーがわが家に来てから一年は、とにかく、散歩をさせ、愛情を注ぐだけで精一杯だった。でも、ハリーのように力の強い大型犬には、散歩と愛情だけでなく、なにより訓練が必要なのだ。そして今の私とハリーには、互いから離れる時間も必要なのではないかと思う。私が少しぐらい彼の前からいなくなったとしても、いつかは戻ってくるのだと理解すること、そしてなにより、ハリーには、ハリーのことをかわいがり、心配し、そして大事にしてくれる人が数多くいることを理解して欲しい。

トレーニングセンターに通うようになっても、家に戻れば、ハリーはいつものハリーだ。常に私の真横にいて、離れようとしない。階段をゆっくりとしか昇れなくなった私を心配して、何度も振り向きながら、自分も足を止める。名前を呼べば、じっと私の目を見て、視線をそらそうとはしない。ハリーはなぜこんなにも私を慕ってくれるのだろう。今の私には、そのハリーの気持ちが、申し訳なく、苦しく、悲しいのだ。

# 18　もどってきたハリー

一ヶ月ほど入院をして、僧帽弁閉鎖不全症という心臓病の手術をした。おかげさまで手術は無事成功し、今は自宅療養中である。ハリーは、まだ体力が完全に戻らない私に静かに寄り添ってくれている。この原稿を書いている今も、デスクの真横に置かれたソファで、幸せそうに居眠りをしている。私が動けば、すぐに起きてついてくるはずだ。私が階段を昇る姿を見つめる目は、真剣そのものである。

私が入院している間、ハリーはトレーニングセンターに預けられていた。私がいなければ、日中、ハリーと過ごす人がいなくなるからだ。夫は会社に行き、子どもたちは学校に行く。夫の高齢の両親に怪力ハリーの面倒を頼むことはできない。そこで、トレーナーさんに相談をし、入院する日の数週間前から、他の犬とトレーニングセンターで過ごす時間を徐々に増やし、長期の宿泊に耐えられるよう訓練していたのだ。

残念ながら、入院前に私に対するこだわりや分離不安を完全に克服させてあげることはできなかったけれど、それでもハリーはトレーニングセンターのことが大好きになった。そんなハリーの様子を見て、私も安心して入院することができた。

約一ヶ月の間、トレーナーさんは入院している私にハリーの写真や動画を送り続けてくれた。広いドッグランで他の犬たちと楽しそうに遊ぶ姿や、きちんと座って大人しくしている姿を見て安心した。頂いたメールで、いつもの怪力でクレートを壊したことを知り、あいつ、またやったのかと呆れるやら、申し訳ないやら。とにかく一ヶ月の間に、ハリーは大いにトレーナーさんを悩ませたに違いない。大人しくてとてもやさしい犬だけれど、弾丸のようなハリーの世話は骨が折れたことだろうと思う。感謝しかない。

私が退院した日もハリーはトレーニングセンターに預けられていた。夕方になり夫が帰宅してから、家族全員でハリーを迎えに行った。開胸手術を終えたばかりの私は、胸の傷めがけてハリーが飛びかかってくることを警戒していたのだが、一ヶ月ぶりに会ったハリーは、なんと私を軽く無視したのであった。子どもたちと再会できたことを喜び、大騒ぎし、夫に駆け寄り甘えるついでに私のところに来て、手をクンクンと嗅いで、身を翻して子どもたちのいる場所に走って行った。

車に乗った後も、ハリーは私を見ようともしなかった。助手席にどかっと座っているハリーに、後部座席から「ハリー、どうしたの？」と声をかけると、振り向いてちらっとは見るものの、その後は夫にばかり甘え、かまってくれと大騒ぎしていた。何度声をかけても、ちらりと見るだけで、それ以上は反応しなかった。

ハリーはハリーなりに、心の中で折り合いをつけていたのだろうと思った。私が突然いなくなり、いつまで待っても戻らず、もうあの人はどこかへ行ってしまったと思ったのだろう。もしかしたら、心の中で私という存在に別れを告げたのかもしれない。トレーナーさんや夫や子どもを頼りにして、この一ヶ月を過ごしていたのかもしれない。ハリーがそうすることでこの非常事態を乗り切ったのなら、それでかまわない。ハリーにだってきっと、彼なりの思いがあるはずだと私は考えた。

少し寂しい気持ちにはなったものの、兎《と》にも角《かく》にもハリーは無事に家に戻ったし、私の手術も終わったし、大きな山は越えることができた。一安心しつつ、パソコンに向かい退院した旨を友人や知人に知らせるメールを書いていて、ふと気づいた。遠くからハリーがじっと私を見ているのだ。声をかけても、目をそらして聞こえないふりをする。それなのに、少しすると、またじっと私を見ている。愉快だった。ハリーは絶対に私のことを覚えている。たぶん、腹を立てているのだ。

こんなに長い間、どこに行っていたんだ！　僕を置いて、何をしていたんだ！疲れて早めに布団に入ったが、その日、ハリーが私の横に来ることはなかった。今までは、私が布団に入るやいなや、無理矢理体を押しつけるようにして真横で寝ていたハリーだったが、その日の晩は私に近寄ることはなく、遠くから私の様子を観察しているだけだった。

夜中の二時ぐらいだったと思う。背中に、ドン！という強い衝撃を感じた。ハリーだ。しばらくじっとしていると、私の後頭部をクンクンと嗅ぎ、次に耳のあたりをベロベロ舐めた。そしてパジャマの襟を噛んで引っ張り、しばらく遊んだあと、鼻から勢いよくフン！と息を吐き出し、私の枕に自分の頭を無理矢理乗せた。そして一分も経たないうちに、大いびきをかいて寝始めたのだ。病気になってからというもの涙もろくなったけれど、この時もさすがに涙が出た。ハリーは

PETBABA

やっぱり私を覚えていたのだ。

この日以降、ハリーは再び私にぴったりと寄り添う生活を送っている。大きい体をして甘える姿はかわいいといえばかわいいのだが、このままではハリーにとってもいい状況ではないのが悩みの種でもある。

でも、もう少しだけ、あとほんの少しだけ、このままハリーと離れず一緒に過ごしたい。ハリーも私もすごくがんばったのだから、きっと神様も許してくれると思うのだ。

# 19　グッバイ金○

退院してあっという間に一ヶ月が経ち、体調も随分良くなってきた。良くなってきたとはいえ、両腕、胸、肩、背中に強めの痛みが出るときもあるため、ハリーとの散歩は未だにお預け状態である。心臓の手術は胸骨を切り開いて行われるが、切り開いた部分がくっつくまで数ヶ月かかる。その間は無理ができない。仮定の話だが、今、私がハリーを散歩させ、いつもの怪力で引っ張り回されたら、胸骨パリーンである（もちろん仮定の話だ）。

寂しいことだけれど、一方で私は安心している。家族が朝夕の散歩に必ず連れ出しているし、トレーニングセンターにも定期的に通い、多くの犬やトレーナーさんと楽しい時間を過ごしているからだ。食いしん坊は相変わらずで、暇さえあればテーブルの上の食べ物を狙ってはいるが、最近は私の言うこともよく理解するようになってきたので、以前に増してハリーは家族として大切な存在になりつつある。

そんなハリーだが、つい最近、ちょっとした手術を経験した。飼い主が手術したからそれに合わせたというワケじゃないけれど、そろそろ成犬になりつつある雄犬のハリー（体格大きめ）に必要だと思われる手術、そう、去勢手術である。去勢手術を受ける理由は飼い主によって様々だとは思うけれど、私の場合は、まず、繁殖させる意思がないこと、病気予防になること、そしてマーキング（おしっこをかけること）やマウンティング（乗りかかる行為）の抑制になることだった。

しかし、男子チーム（夫と双子の息子）の抵抗は強かった。まずは夫が「あんなに立派なモノを取るなんて……」と悔しくてたまらないといった顔をする。確かに、ハリーには大変立派なモノがついていて、散歩ですれ違うおじさんたちから「この犬は立派やなあ！　金〇も立派や！」と褒められたものである。夫は、ああ、なんてもったいないと肩を落とした。手術について説明すると、子どもたちは、股間を両手で押さえて、「ぎゃー！」と悲鳴を上げるやいなや、ハリーに抱きついた。「かわいそうなハリー！　かわいそうなハリーの金〇!!」

いやいやいや……。

説得を諦めた私は、「獣医さんの意見を聞いてみることにしよう」と提案した。すっかり春めいて気温が上がり、ノミ・ダニの薬が欲しかったし、狂犬病の予防接種が必要な時期でもあった。やっぱりこういうことは、専門家の獣医さんに聞くのが一番いい。去勢のメリットもデメリットも、私が必死に説明するより、獣医さんからしていただいた方が、男子チームにとっても受け入れやすいに違いないのだ。翌日、ハリーを連れて動物病院に行った夫と息子たちは、去勢手術の日程を予約して帰ってきた。

手術の日まで一週間ほどあったが、男子チームはため息ばかりだった。「金○取ったらどうなりますか?」とSiriに質問し、「そんなことは聞かないで下さい」とあしらわれる息子たち。「ハリー、大丈夫か? 痛くないようにするから大丈夫だぞ」と、ハリーの頭を撫でつつうっすら涙ぐむ夫。私の手術でもそこまで狼狽しなかっただろうと思えるほど、わが家の男子チームは手術の日まで、落ち込み、そしてなんだかモゾモゾと落ち着かない様子だった。

手術当日、ハリーはすんなりと動物病院の診察室に入っていった。気のいいハリーは、なじみの獣医さんにいつものように尻尾を振って挨拶すると、そのまま奥の部屋に素直に導かれていった。どこまでも素直なハリーの姿を見て、私も少し心配になったけれど、ハリーにとって必要な手術だという気持ちも、強靭《きょうじん》な肉体を持つ犬だから大丈夫だという自信も揺らぐことはなかった。

その日の午後、ハリーを動物病院に迎えに行った。痛がってしょんぼりしていると思いきや、彼はけろっとした顔で診察室の奥から出てきた。私を見て、大喜びである。平気な顔で尻尾を振って、「さあ、早く家に帰ろうよ、ボク、お腹が空いてたまらないんだ！」といった様子だった。獣医さんは、手術は問題なく済みましたので……と言いつつ、摘出したものを見せてくれると言ったのだが、さすがに見る勇気がなかった。しっかりと見た夫は帰りの車の中で涙ぐんでいた。いやいやいやいや……。

ハリーはその後も痛がることなく、術後の抗生剤も喜んでバリバリと食べ、手術前と変わらず元気いっぱいである。性格が変わったとか、攻撃性がなくなったとか、そういった変化は感じられない。そもそもハリーは性格が激しいわけでもなければ、攻撃的でもなかった。

唯一変わったのは、マウンティングをしなくなったことだ。クッションや枕を見ると、意気揚々とマウンティングに励んでいたハリーも、今となってはクッションと枕は大きな頭を乗せて昼寝するためのものになった。

なにより私がうれしいのは、様々な病気を予防できることだ。ハリーには、真っ黒い毛が白くなるまで、ずっと長生きして欲しい。おじいさんになったハリーも、きっと今のハリーと同じように、誰に対しても優しい、大らかな犬だろう。その頃、息子たちはどこにいるんだろうなぁなんて、先のことを想像して、少しだけ寂しい気持ちになる私なのだった。

# 20 ゆったりした日々

長い冬がようやく終わり、木々が一斉に葉を繁らせている。山から吹いてくる涼《すず》やかな風と、湖から吹いてくる温かな風が、ちょうどわが家のベランダあたりで顔を合わせて庭木を左右に揺らすと、美しく澄んだ青空に向かって勢いよく伸びた枝の鮮やかな緑の葉が、さらさらと心地よい音を出す。それを日がな一日眺め、のんびり暮らしている犬がいる。ハリーだ。ベランダが大好きなハリーは、鼻をクンクンと動かして初夏のにおいを嗅ぎながら、人間の私には想像もつかないようなものごとを考えている（たぶん）。そして、それに飽きたら昼寝をするのが日課だ。

金〇に別れを告げ早一ヶ月、経過は順調である。毎日たっぷり運動し、たっぷり食べ、ぐっすり眠っている。ひなたぼっこが好きだから、わざわざ日光が当たる場所を選んでは、ドタッと大きな音を出して寝転んでいる。真っ黒い体なので熱を吸収しやすく、五分もすると息も荒くリビングに戻ってくるが、水分補給して、また挑戦。これを延々と繰り返す。私はそんなハリーの姿を眺めながら、皿を洗ったり、洗濯物を干したりしている。私が近くを歩くと、寝ていても少しだけ目を開けて、様子をうかがっている。起きている時に声をかけると、勢いよく尻尾を振って応えてくれる。バッタン、バッタンとベランダの床板を長い尻尾で叩いて鳴らしては、耳を下げ、口を開き、少しだけ舌を出す。まるで笑っているように見える。私まで思わず笑ってしまう。

こんなにゆっくりと暮らしていて本当にいいのだろうかと、ふと不安になる時もある。もちろん仕事を完全にストップさせているわけではないけれど、以前に比べれば、随分ゆったりとしたペースだ。ただでさえ厳しいフリーランスの世界で、長期間休むことが何を意味するのか、嫌というほど理解しているつもりだ。しかし、そんな不安も、ハリーの顔を見ていると、すぐに忘れてしまう。もうしばらくゆっくりしていても、たぶん誰にも叱られないような気はする。なにせ、ここ数ヶ月は、なかなかどうしてハードな日々だった。ねえ、ハリーはどう思う？　……こんな質問を投げかけながら、ずっしりと重くて大きな頭を撫でてい

る。ハリーは何も言わない。

退院して真っ先に買ったのは、自分用のベッドだった。寝起きが楽だし、なにより布団のように頻繁に上げ下げしなくていい。術後しばらくは重い物も持てないだろうと考えて、思い切って買ってしまったのだ。

それを私よりも喜んだのは、実はハリーだった。寝室の窓際にベッドを設置するやいなや、ハリーはその上に飛び乗って、我が物顔でくつろぎはじめた。もう少しで四十キロになる巨体は、ちょっと押したぐらいではびくともしない。「どいて！」と何度声をかけても、知らん顔していびきをかきはじめる。何度か叱ると勝手には飛び乗らなくなったが、私がベッドに近づこうものなら、どこにいてもその動きを察知し、急いで走って来るようになった。

私が座れば真横に座り、私が寝れば、オレもとばかりに寝てしまう。ものすごく邪魔だ。本を読もうとクッションを重ねて準備をすると、じゃあオレもそうしますみたいな顔をして、クッションにもたれたりする。やめて欲しい。あっという間に寝てしまうくせに、すべてに付き合うことが自分の使命であるかのように振る舞うハリーの愛は、いろいろな意味で私に重くのしかかる。私のベッドが私のベッドではなくなってしまった。くつろげない。なぜか私が寝にくい。

でも、ハリーの静かな寝息を聞いていると、まあ、いいかと思ってしまう。少しぐらい譲ってあげてもいいか。だって、すごくかわいいのだ。ほとんど気絶レベルのかわいさなのだ。

至近距離からハリーの顔を見ていると、なんだかとても不思議な気持ちになる。みっしりと生えた黒い毛。長くて固いヒゲ。大きな鼻、口、そして耳。柔らかくて、ふわふわで、まるで巨大なぬいぐるみだ。こんなに穏やかでやさしい生きものがわが家にいて、私の横に寝ているなんて、夢のようだ。ハリーと並んで寝転んで、風に揺れるカーテンの隙間から空を眺めていると、このままずっとこうしていられたら幸せだなと思う。風ってこんなに心地よいものだったのかと、思わず深呼吸する。胸いっぱいに空気が吸える。それがこんなにも素晴らしいことだったなんて、手術前の私は知らなかった。心が震えるほどうれしくて、寝ているハリーの頭を、何度も、何度も撫でてしまう。

街の喧騒とは無縁な田舎の町で、聞こえてくるのは葉のこすれる音、そしてハリーの寝息だけだ。あまりにも静かで、穏やかな日々を送りながら、私は今まで何を幸せと考えてきたのか、思い出せないでいる。

# 21 バニラをめぐる戦い

今、真面目な顔をしてこれを書いているのだが、ハリーは天才なのではないかと思う。「なのではないかと思う」と、一応控えめに表現してはいるが、私の中ではほぼ確信していることだ。ハリーは天才である。その証拠はいくらでもある。

親バカならぬ犬バカと呼んでくれてかまわない。ただのペット自慢かよと罵《のの》しられても甘んじて受け入れるつもりだ。確かに、（自分としては）控えめではあるが自慢しているわけだし、最近、ハリーのことを褒めすぎて家族からも呆れられている私である。自分自身が変わってしまったのではないかと疑ってもいる。病気をしたせいだろうか、心のタガが思いっきり外れている。ハリーのことを、褒めて褒めて、褒めちぎったうえに、自慢までして平気な顔をしているのだ。本当にすいません。

なにせハリーは、くわえた枝に砂がついていることを嫌って、その枝を湖でジャブジャブ洗うような犬だ。私が指さした方向を見て（人間が指さした方向を見る犬なんて、めったにいないと思うのだ！）、次の指示を待つことができる犬だ。フリスビーで遊び、最後にフリスビーについた泥を小川で洗い落とし、ついでに顔も洗って戻ってくるような犬だ。自分でもこの強い思いをコントロールすることができない。我慢してはいるのだが、どうしても口から出てしまう。ハリーは天才であると。

もしかするとが確信に変わったのは最近のことだ。バニラアイスクリームである。何を言っているのだ、この人は……と思われる読者もいるだろうが、もう少しだけお付き合いいただきたい。

私はバニラアイスクリームが好きで、最近気温が上がってきたこともあり、よく食べるようになった。実はハリーもバニラアイスクリームが大好きで、私が知らないところで夫から頻繁に分け与えられているようだ（私はハリーの食べ物には厳しい）。この日も、私は冷凍庫を開けて、バニラアイスクリームを取り出し、デスクに座って食べはじめた。すると、遠くでガーガーといびきをかいて寝ていたハリーがムクリと起き上がり、私の足元に走って来たのだ。「え？」と、不思議に思った。私が今食べているのは確かにハリーの大好物のバニラアイスクリームだけれど、なんでわかったんだろう？　ガーガー寝ていたくせに？　ハリーは私の足元にビシッと座って背筋を伸ばし、私の反応を待ち始めた。まるで、「オレも準備できました」とでも言いたげだった。

いやいや、これ、人間用だし……と言いつつ、どうしようかなあと躊躇しながら座っていると、ハリーは大きな顔をドサッと私の膝の上に置いてきた。そして、上目遣いでじっと私を見る。オレのこの目線で飼い主を落としてみせると言わんばかりの態度だ。いやいや、これは人間用だし……と、それでも考えていると、今度は自分の胸のあたりを私の足にぐいぐい押しつけ、体重をかけてきた。仕方なく、アイスクリームのフタに一口分のアイスを乗せ、ハリーに分け与えた。ハリーは〇・五秒ぐらいですべてを食べ終わると（アイスクリームのフタは噛んで破壊）、再び私の膝の上に大きな顔をドサリと置いて、今度は延々とよだれを垂らして次のアイスを待ったのだ。あからさまな要求に根負けして、私はもう一口だけアイスクリームをハリーに分け与えると、急いで残りを食べてしまった。ゆっくり食べたかったのになあと残念に思った私は、次はハリーにバレないように食べようと固く心に誓った。

しかし、その後も、ハリーはバニラアイスに反応し続けた。それもバニラアイスにだけ激しい反応を見せる。どうやってハリーはバニラアイスを識別するのだろう。冷凍庫にはバニラアイスの他にも小学生男児が大好きなソーダ系アイスや、私が好きなストロベリーアイスなど数種が常に入っているが、ハリーが激しく反応するのはバニラアイスのみである。カップの色を覚えているのだろうか。それとも、出した瞬間にバニラの匂いがするのだろうか。バニラアイスの何に反応しているのだろう。不思議でたまらなかったが、先日、ようやくその謎が解けた。ハリーは、カップのフタが開く音を聞き分けていたのだ。アイスクリームを出しただけでは反応が薄いが、ハリーが気に入っている特定のアイスクリームのカップのフタが「パカッ……」と開く音を聞き漏らさないのである。このパカッという音をさせて何度か実験を重ねた結果、確実にハリーはフタの音に反応していることがわかった。

天才だ、ハリー。お前というやつは、世界トップレベルのかわいさに加えて、なんと天才犬だったのか！　まいったなぁ〜！

……ということで、人間の食べ物はあまりあげたくはないし、ラブラドールの太りやすさも考慮して、最近では、ハリーの大好きなバニラアイスクリームを人

間が（私が）食べたい時は、風呂場に入ってドアに鍵をかけて、フタを開ける音は極力出さないようにして食べるようになった。考えれば考えるほどおかしな話であるし、異様な光景であると思う。なぜ飼い主が風呂場にこもってアイスを食べなければならないのか。意味がわからない。それでも、膝の上に顔を乗せられ、じっと見つめられるよりはいい。そこまでしてアイスクリームを食べている私も私であるが、風呂場でアイスクリームのフタが開いた音をやっぱり聞きつけて、ドアに突進するハリーもハリーだ。

本当に意味不明の、レベルの低いハリーとの駆け引きが続いている。

# 22　犬ぞりがしたかった

私の朝は早い。早朝の静寂と澄んだ空気が大好きで、季節を問わず朝の五時半か、遅くとも六時には起きて、リビングで静かにひとりコーヒーを飲むのが日課である。

この日も、きっちり五時半頃目が覚めて、寝室を出てリビングに行った。そして死ぬほど驚いた。夫が無言で座っていたのである。

夫といえば、声をかけなければいつまでも寝ているようなタイプで、一分でも長く布団の中でぐずぐずしていたい人だ。毎朝、遅刻ギリギリの時間に家を出る。そんな夫がリビングで静かに座っているのだ。タダゴトではない。思わず、「うわっ！」と声が出た。

「何してんの!?」と聞くと、「いや、べつに……」と言う。急いでメガネをかけてよく見ると、左半身がボロボロである。Tシャツは破れ血がにじみ、くちびるは腫れ上がり、顔も派手にすりむいている。そして、右手で左腕をかばうようにして私から隠しているのだ。

「えっ、もしかしてどこかで喧嘩したの!?」と聞くと、首を振る。「じゃあ、泥棒と闘ったとか!?」と聞くと、「いや……」と歯切れが悪い。一体どうしたの!? 何があったの!? と問い詰めると、やっとのことで「実はゆうべハリーと散歩に行って、転んだんや……」と言うではないか! ハリーと散歩に行って転んだ? 転んだぐらいでそんなにズタボロになるの!? ハリー、どれだけ怪力なんだよ、そんなワケないじゃん! という私の疑念を察してか、「ス、スケボーに乗ってたんや……」と白状しはじめた。

わが家の男子たちは、車輪がついた乗り物が大好きで、自転車、バイク、スケボーなど、ありとあらゆる乗り物が何台もある。田舎で車が少ないとはいえ、それでもやはり、息子たちが自転車やスケボーに乗るときには、どれだけうるさいと言われようがお構いなしに、怪我だけはしないようにと、何度も何度も言い聞かせてきた。しかし、まさか五十二歳の夫がスケボーでズタボロになるとは夢にも思っていなかった。それもハリーを連れていたというではないか、私の大切な愛犬ハリーを！　思わずハリーの姿を確認した。次男の布団の上で仰向けになっていびきをかいて寝ていた。なあんだ、ハリーは無事か。だったらどうでもいいけど、とりあえず何があったの？

「ハリーにスケボーを引っ張らせたってわけじゃないんだけど、ハリーと一緒にスケボーで坂道を滑っていたらバランスを失って、吹っ飛ばされて、怪我してしまったんや……」

「………」

あきれて言葉もなかった。まさかまさかの「五十二歳の夫、ハリーと一緒にスケボーで坂道を滑り降り、振り落とされて左半身ズタボロ事件」の発生である。「手が痛くて、ゆうべ眠れなくて」と力なく言う夫の言葉にピンときた。自慢ではないが、手首を二度も骨折経験のある私は（色々経験しすぎだろと自分でも思うが）、骨折の痛みはよく理解できる。鎮痛剤なしでは眠ることができないほどの痛みだ。間髪入れずに「それ、どこか折れてるわ」と言った。「絶対に骨折してるから、病院に行ったほうがいいよ」と付け加えると、夫は「病院は行きたくない」と言う。息子がスケボーで滑って転んで眠れないほど腕が痛いのであれば引きずってでも病院に行くけれど、いい年したズタボロ夫を病院に引っ張って行くほど私もヒマではない。「どうぞご自由に」と言って判断は夫に任せた。本当に骨折していたら、痛みに耐えかねて自分で病院に行くだろうと考えたのだ。案の定、夫はその日の午後、会社近くの病院に行ったようだった。

「手の甲の骨折だって」というメールが来て、がっくりとうなだれてしまった。呪われているのか、村井家は。私が心臓手術をして復帰直後に、今度は夫が骨折である。「手術は必要なの？」と返信すると、「いや、まだわからない」との答え。あーあ、やっぱり骨折だってさ〜。手術だったら大変だ。入院するかもしれないし、リハビリだって必要になるだろう。仕事は大丈夫なのだろうか。私はもうすっかり元気になったから、夫が入院したとしても不自由はないけれど……いや、ハリーの散歩はどうする!? 怪力ハリーの散歩をこなす体力は、まだ私には戻っていないではないか！　ああ、どうしよう！　五十二歳、本気でシャレにならん!!

そりゃ私だって、スケボーで坂道を猛スピードで下ったらどれだけ楽しいだろうと妄想したことはある。ハリーに引っ張ってもらったら、犬ぞりみたいで最高だろうと想像することはできる。でもやっぱり、そこは大人として我慢する点であるし、なにより危険だし、息子たちがマネしたら困るわけだ。それなのにやってしまったのか、五十二歳が!?

息子たちに「骨折だってさ」と伝えると、腹を抱えて笑い転げ、「だっせー!!」と大ウケだった。

結局、夫の骨折には手術の必要はないそうで、徐々に回復している。すっかり腫れも引いて、痛みもなくなったそうだ。ハリーの散歩にも相変わらず行っている(スケボーなしで)。しかし、ズタボロになったTシャツは決して捨てようとしない。「小さく切って、ぞうきんにして、自転車を磨く」と言っていた。怪力ハリーは相も変わらずそんな夫のことが大好きで、膝に顔を乗せて甘えている。夫はハリーを見ながら「おれ、スケボーはやめて、今度はサーフィンにするわ」と言っていた。

# 23 そろそろお年頃

小学六年生ともなると、ずいぶん成長してくるもので、いままでポテチだクワガタだと騒いでいた息子たちが、最近になって突然、恋愛や結婚について語るようになった。戦隊ヒーローに抱いていた憧れは、いつの間にやらハンサムな俳優やスポーツ選手に対する憧れへと変わり、髪型に気を配り、Tシャツやジーンズの好みにうるさくなり、筋トレ、ランニングにせっせと汗を流すようになった。

鏡の前で難しい顔をして髪を梳《と》かしながら、「オレが大人になる頃にはハゲの薬ってできてると思う?」と真剣な顔で聞いてくる。「できてると思う。毛髪再生医療ってかなり進んできてるらしいし」と、胸にチクリと痛みを感じつつ、私なりに精一杯の愛情をもって答えると、「そう」と深く頷き、うれしそうな顔をしたりする。つい数年前までお揃いのおかっぱ頭だった双子は、今となってはツーブロックとロングヘアーの少年へと成長した。来年は中学生だ。母は戸惑うことが増えた。

「ちょっと聞いて欲しいんだけど」と言われ、仕事を中断して話を聞くと、高確率でA君がCさんに告った、Bさんが D君に告られた、二人は付き合う、いや付き合わないという、小学生らしからぬ、いや、小学生だからこその、幼く、淡い恋愛話を延々と聞かされることになる。ふーん……と、なんでもないような顔をして聞いてはいるが、大人の私からすると、愉快で、微笑ましい話ばかりだ。頬を赤らめ、ウキウキしながらそんな話をしている息子たちを見ると、私にもあんな時期があったのかなと遠い目になる。

最近では、海外の学園ドラマもよく見ているようだ。二人でこそこそとiPadで視聴しては、ふむふむと研究している。時にはハリーを従えて、二人と一匹で顔を突き合わせるようにして、何やら見ている。ハリーの目当ては息子たちの手に握られているアイスキャンディだが、賢いハリーは、アイスには一切視線を合わせず、じっと画面を見ている。ここで我慢しておけば、きっと最後にはあのアイスがもらえるに違いないと考えているはずだ（大量のよだれがそれを示している)。しかし、大人しく待っていたハリーに与えられるのは、アイスキャンディではなく、二人からの熱烈なキスである。

大人しいハリーは、双子が何をしてもまったく怒らない。だから、二人に顔を押さえつけられ、真正面からチュー!っとやられても、微動だにせず耐えている。学園ドラマでキスシーンを見て大喜びの双子は、その練習相手にハリーを選び、連日連夜、ブッチュー!と繰り返している。ハリーが大人しいのをいいことに、大きな鼻が押し上げられ、ずらっと並んだ前歯が見えてしまうほどの強さで、ブッチュー!!とキスしては、「愛してるよ、ハリー!」と、まるでドラマの出演者のように大げさに言ってゲタゲタ笑っている。ブッチュー!と繰り返されるハリーは、完全に表情を失っている。

ハリーが寝ていてもお構いなしだ。ぐいっと顔を持ち上げ、大きな口に自分の顔全体を無理矢理に押しつけるようにして、ムッチュー!とやる。ハリーの鼻の位置が移動し、立派な口のタプタプ部分がめくれあがっても、息子たちは気にしない。「ああ、好きだよハリー! お前のことが大好きだよ、結婚して!」と叫び、再びムッチュー! ブッチュー!

……ハリーが不憫でならない。

最近では、成長し、大人しくなったハリーに会いに、同じクラスの犬好きのお友達がわが家に集まって来るようになった。当然、その中には女子も何人かいる。男子だけで遊んでいる時の「ギャー！」や「ウェー！」といった奇声やとんでもなく大きな騒音は一切聞こえてこない。ハリーは六年生たちの楽しそうな会話の中心にいるようだ。女の子たちに、「ハリー、かわいいね」と言われると、息子たちは自慢げである。「かわいいだけじゃなくて、こいつは賢いんや！」という声が、私の耳にも聞こえてくる。

ハリーとしばらく遊ぶと、小学生たちは川へ、湖へ、広場へと移動してしまう。置いていかれるハリーはいつも少し寂しげだ。玄関で小学生たちが戻るのをずっと待っているが、とうとう諦めて私のデスクの下に戻ってくる。「遊んでもらってよかったね」と私は声をかけ、小さいおやつを与える。ハリーは私の足に背をつけて、いびきをかいて寝てしまう。

遊び疲れた息子たちが満足げな表情で戻ってくるのは、それから一時間ぐらい後のことだ。玄関を開けるやいなや、「僕の愛するハリー!!」と叫ぶと、走ってハリーのところまでやってきては、何度もブッチュー!!とやっている。「ハリー、会いたかった〜」と言いつつ、無理矢理に抱きついてくる息子たちに対して、ハリーは相も変わらず無表情で付き合っている。

# 24　自己表現？

理解できない。なぜハリーがあんな行動を取るのか、まるで理解できない。優しくて、賢くて、天使のようなハリーが、なぜ、あのようなことをするのだろう？　私のお願いだったらなんでも聞いてくれるはずの、あの愛らしいハリーが、なぜ？　どう考えてもわからない。不可解過ぎる。

散歩は足りている。ドッグフードだってたっぷり食べている。ストレスもないはずだ。それではなぜ、ハリーは子ども部屋のベッドの上で用を足すのか!?　最近では週一回ぐらいのペースで犯行は重ねられている。

最低だ。本当に最低の気分だ。散歩だって真面目に行っているし、家の中にはハリー専用のトイレを二ヶ所も設置してあるし、日中何度も庭に出して遊ばせているというのに、私の一瞬の隙をついて、ハリーは子ども部屋に忍び込み、そして一瞬のうちに用を足して走って出てくる。

　部屋のドアに鍵をかけたらいいのではと思われるだろう。しかし、鍵をかけたら最後、ハリーはドアを壊すだけだ。ドアの前に物でも置いて侵入を防げばいいと思われるかもしれない。それはその通りだが、そうすれば子どもたちが部屋に入るたびにその防御壁を移動することになり、そして小学生男児がそれをしっかりドアの前に戻すことなどありえない。一度、クレートを置いたことがあったが、ハリーはそれを必死に押しまくって鼻の頭をすりむいてしまった。

　それであれば、用を足すために、頻繁に外に出せばいいじゃないかと思いますよね？　その通りであって、実際、ハリーは午前に二回、午後にもタイミングがあったら何度でも庭に出しているし、散歩には一日三回も行っている。つまり、常にタンクは空の状態になっているはずなのだ。

　それなのにハリーは、忍者のように子ども部屋に忍び込み、ベッドの上で悪事を働く。必ずベッドの上だ。一度、現行犯逮捕したことがあるが、ベッドの真上で堂々と力んでいた。本当に許せない。その都度、私は必死になってハリーを叱る。ハリーは頭を垂れて、伏し目がちに反省してみせるか、時には丸い目を見開いてアザラシのような表情でじっと見返してくることもある。いわゆる、逆ギレ状態だ。このときのハリーの心理が一向に理解できない。なぜ飼い主が犬に逆ギレされねばならないのだ。

もちろん、ベッド本体には何重にも安全対策をしている。防水シーツ、防水マットは当然のこと、ベッドカバーまで防水タイプで揃えている。これはむしろ小学生男児対策であって(お友達が山ほどやってきて、駄菓子を貪り食べる)、ハリーだけのためではないが、最近この防水性能を凌駕するほどハリーの犯行は過激になってきている。そのため、ほぼ毎週、すべてのベッドリネンを丸洗いせねばならず、とても苦労しているのだ。

夫は、「外に出す回数が足りていないっていうことでしょうよ。それ以外考えられないし、オレが家にいるときは一度もそんなことはしない」と言うが、夫が家にいるときでも、ハリーは堂々とベッドのど真ん中で力んでいる。それを私が片付けているだけの話だ。たぶんハリーは、常にある程度、腹に備蓄しているような状態なのではないだろうか。必要なときにさっと出せるように、タンクに少し残しているのでは? そうでなければ到底《とうてい》理解できないのだ。なぜそこまでベッドの上にこだわるのだろう。

犬好きの友達に話すと、「ああ、それは嫉妬だね」と言っていた。「子どもに嫉妬してるんでしょ、きっと。ハリーだってベッドが欲しいって思ってるんじゃない？」ということだった。正直、これ以上どうやってハリーを満足させればいいのかわからない。自分のベッドが欲しいもなにも、ハリーは私のベッドをまるで自分のベッドのように自由に使っている。私の肩身が狭いほどだ。そのうえ、家中を自由にほっつき歩き、ところ構わず寝転がっている。誰の指図も受けず、日がな一日、自由を満喫している。いわば王様のように暮らしているハリーを、これ以上どうやって満足させればいいのだ。

薄々感じているのは、ハリーの「仲間に入れてもらえない寂しさ」である。わが家に遊びにやってくる小学生たちと、家の中だけではなく、湖や川、広場まで一緒に行って、そして思いっきり遊びたいと思っているのではないかと私は疑っている。自分も仲間の一員になりたいのだ。いつも置き去りにされる寂しさを、子どもたちがいなくなった部屋のベッドの上で表現しているのではないか。アートか？　そうだとしたらあまり強く叱ることもできないの？　いや、人間と暮らす以上、その手法はルール違反であって、改めてもらわなければなるまい。私とハリーのベッドをめぐる攻防戦は今日も続いている。

# 25 ただそこにいるだけで

子どもたちの夏休みがはじまり、わが家は随分賑やかだ。子ども部屋には常に息子たちの友達がいて、楽しげな声が聞こえてくる。狭い部屋に子どもたちがわいわいと集まり、ああだこうだ、これがアレだからソレなんやで！　と大騒ぎしている。……平和で素晴らしいですね。

よく気がつく次男は、「仕事中に玄関のピンポンを鳴らすと、かあさんがキレる可能性があるから、静かにドアをノックしてくれ」と友達に伝えているそうで、恐れをなした子どもたちは、遠慮がちに、本当に静かにドアをノックする技を身につけた（ちなみに、キレたことなど一度もありません）。その音にいち早く気づき、長男、あるいは次男がすっとドアを開け、友達を招き入れる。この行動には、常にハリーも参加している。まるで三兄弟のように、二人と一匹は、私に感づかれまいと、密かに友達を家の中に招き入れ、そして子ども部屋にすっと入って行く。もちろん、ハリーも入って行く。時々、玄関をすっ飛ばして窓から侵入してくる子もいる。誤差の範囲だとして許している。

最近、わが家に遊びにくる小学生たちがハリーのことをまったく怖がらなくなり、むしろとても仲良く遊んでくれるようになったことがうれしい。遊びに来る子は、必ず何か手土産を携えてやって来るのだが（ポテチ、せんべ、農作物）、時にはハリーのために、小さなビニール袋に犬用ジャーキーを入れて持ってきてくれる犬好きの子もいる。子どもたちが帰った後の荒れ果てた部屋を片付けるとき、犬用ジャーキーが入った袋を見つけたりすると、感動して手が止まってしまう。動物に対する子どもの無垢な愛情に、心が揺さぶられる。

子どもたちの部屋でハリーが何をしているかというと、特に何もしていないそうだ。ただ単に、大きな体を床に横たえて、グーグー寝ているだけらしい。私が一番心配しているのは、何かがきっかけで興奮したハリーが、万が一にも子どもに歯を当てたり、あの屈強な前脚で押したりしないかということなのだが、ハリーは一切そんなことはせず、ただただ、「大きい動物です」という存在感のみ、その巨体から醸し出し、そして、寝ているだけ。子どもがハリーを撫でれば腹を出し、呼べば尻尾を勢いよく振り、応える。子どもたちが食べているお菓子を奪おうともしない。よだれは盛大に垂らしていると聞く。

ハリーが子ども部屋のベッドの上で用を足すようになってしまったのは、テリトリーを主張していたのだろうと思う。子ども部屋から締め出しを食っていた時期、ハリーは確かにイラついていた。その証拠に、子ども部屋のドアにはハリーの爪痕がはっきりと残っているし、ハリーの度重なる体当たりで、壁にはヒビが入っている。ここは僕の場所であると主張するための行動だったのだろうと思う。いやいやいや、そんなに主張しなくてもいいから。っていうか、主張強くない？若干、強すぎじゃない？　もしかしたら、他にも原因があったのかもしれない。本当のところはもうわからない。しかし、子どもたちに受け入れられ、子ども部屋で一緒にいることを許されて以来、ハリーがベッドの上で用を足すことはなくなった。

ハリーはとにかく子どもが好きだ。子どもを見つめる視線がうっとりしているのがよくわかる。まさか食べ物と間違えているのか？　いや、そんなことはないはずだ。だって、子どもに対するハリーの態度は、大人に対するそれとは全く違い、明らかに穏やかなものなのだ。息子たちに何かを伝えたい時、ハリーはすっ

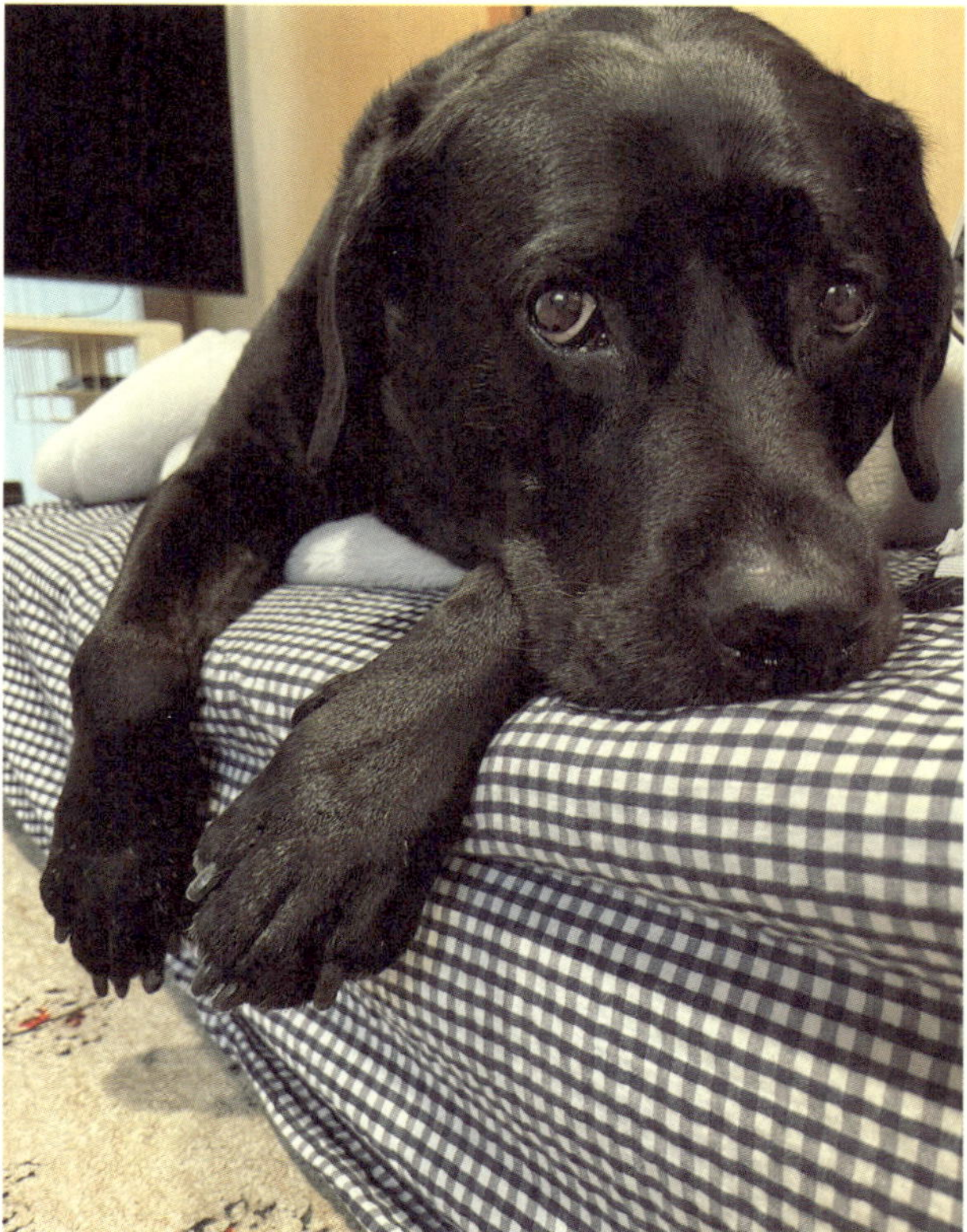

と横に座って、体を預けたり、じっと見つめたり、そのやり方はとてもジェントルだ。私にフードやおやつを要求する時は、おもむろにデスクまでやってきて、私の左腕をドンっと前脚で押す。たぶん、「オイ」と言っている。

ハリーは子守がとても上手だ。子どもたちが集まる場所に自分も必ず参加しては、何もせずに、ただそこにいるという偉業を成し遂げている。それも毎日だ。人間では到底できない、いや、私には到底できないことをあっさりとやってのける。ただ、穏やかに子どもたちを見守る……？　うわぁ、すごく退屈そう。私なんて想像しただけであくびを連発できるわ。それなのにハリーは、それを苦とも思わず、むしろ喜んでやっている。子どもの横に座って、何もせず、じっと寄り添うだけの仕事をこなしている。うそでしょ？　ハリーにスマホでも与えてあげたい。イケワンなだけでなく子守も上手だなんて、ハリーは奇跡の名犬だな（犬バカここに極まれり）。

# ハリーのいる日々　あとがきに代えて

　ハリーは毎朝、五時少し前に目を覚ますと、まずは私の様子をうかがいにやってくる。静かな爪音が、だんだんと近づいてくる。大きな顔をそっと近づけて、私を見つめる。あまりにも近いから、鼻息が顔にかかるほどだ。冷たい鼻先が、少しだけ私の顔に触れたり、離れたりする。針金みたいに固いハリーのヒゲが顔に当たって、チクチクする。ハリーは鼻をせわしなく動かして私の匂いを嗅ぎながら、早く目を覚まさないかとじっと見ている。

　実は、私はもうとっくに目を覚ましていて、ベッドの中で目を閉じていただけなのだ。「ハリー」と静かに声をかけ、頭を撫でてやる。すると勢いよく尻尾を振り、ハッハッとうれしそうに呼吸する。やっと目を覚ましてくれたと喜んでいるようだ。黒くて丸い瞳が見開かれ、きらきらと輝いている。ハリーは私が目を覚ましたことを確認すると、今度は踵《きびす》を返して、夫の様子を確認しに走る。尻尾を激しくバタバタと振りながら、顔めがけていきなり突進するのだ。わあ！　という悲鳴とともに飛び起きる夫の顔に、何度も何度も自分の大きな頭を押しつけて、さあ起きろ、早く起きろと催促する。そんなハリーを制止しようともがく夫は、ハリーの力強い前脚でめちゃくちゃに踏み潰されてしまう。

早朝から元気なハリーを落ち着かせるため、まずは、ハリーを庭に出してやる。六時半の散歩の時間まで待つことができるように、まずは庭で用を足すよう言い聞かせる。ハリーは庭木の根本で用を足す。ここで、よくできたね、すごいねと褒めちぎることが大切だ。褒められたハリーはうれしそうに尻尾を振って、急いで家の中に戻ってくる。この姿がとてもかわいい。長い手足をせっせと動かし、少しかがんだ姿勢で小走りにやってくるのだ。ご近所さんを起こさないように、気を使っているようにも見える。

二階のリビングに急いで戻ったハリーが向かうのは、フードボウルのある場所だ。早速、ドッグフードの催促がはじまるのだ。ボウルの前にきちんと座って、目を輝かせている姿はなんともかわいいけれど、散歩前にドッグフードを食べるのは御法度である。大型犬が満腹の状態で運動をすると、胃捻転《いねんてん》を起こしやすいのだ。毎朝、判で押したように「散歩が終わるまでダメでしょ」と言い聞かせる。それでもハリーは、簡単に諦めようとはしない。前脚でフードボウルを触っては、大きな音を立てる。カチャカチャという音がやかましく、しつこいハリーに毎朝ため息がでそうになるが、いくら粘ったとしても、その要求に応じることはできない。

じっと私の顔を見て、何ももらえないと察したハリーは、諦めたように寝室に戻り、まだ寝ている息子たちの足元に大きな体を横たえる。鼻からフンと息を吐いて、そして、再びウトウトと眠りはじめる。夫が朝の散歩の身支度を終えると、ハリーはそれを察して飛び起きて、夫とともに、勢いよく外に飛び出していく。

朝の散歩が終わると、まずは夫が家を出て会社に向かい、その三十分後には息子たちも家を出る。ハリーはドッグフードを食べる。その間は、バタバタと忙しく、誰もハリーの相手をしてやることができない。誰でもいいから世話を焼いてほしいハリーは、寝ぼけながら身支度を調《ととの》えている息子たちの靴下を噛んで引っ張ったり、掛け布団を引きずり回したり、まくらを噛んで引っ張って邪魔をして、遊んでもらおうと必死だ。息子たちが朝食を食べはじめると、テーブルの真下に座ってパンくずが落ちてくるのを待つ。パンの耳が大好物だから、ちぎってもらえるまで静かに待つ。そのうち、息子たちの膝に頭を乗せて、必死のアピールがはじまる。子どもたちは煩わしそうにしながらも、毎朝のハリーのお楽しみに付き合い、パンの耳を少しだけ与える。

夫や子どもたちが家を出る時には、ハリーはかならず玄関まで見送りに行く。玄関ドアが開いていても、勝手に出て行くことはしない。少し前までは、小学生の集団に興奮して、自分も一緒に行くのだと勝手に決めて脱走しそうになる朝が多かったが、最近ではそれもなくなった。朝に出て行ったとしても、午後には必ず戻って来ることが理解できているからだ。夫と息子たちが家を出た後は、私とハリー、一人と一匹の時間となる。

私は朝の時計代わりのテレビを消して、これでもかと散らかった部屋を片付けはじめる。まずは寝室だ。寝相の悪い息子たちがぐちゃぐちゃにしていったベッドを手始めにやっつけるのだが、寝室に入る前に、洗濯機のスイッチを入れるのを忘れてはいけない。掃除をしながら洗濯を同時進行させることから得られる、わずかなお得感は無駄にしたくない。小学生男児が二人いる家庭だから、一日に最低二回は洗濯機を回す必要がある。ハリーの体を拭くタオル類と私たちの衣類を一緒に洗うことはできないので（抜け毛がとんでもなく多いから）、ハリーのための洗濯も一日最低一回は必要である。

　洗濯機が回ったのを確認すると、足早に寝室に行き、窓とカーテンを開け放ち、寝具をバタバタと振り回す。ハリーの毛を床に落とすためだ。ハリーがそれにじゃれついて、何度カバーを破られたかわからないが、やめろと言えば言うほど、ハリーは喜んで掛け布団やまくらにじゃれつき、噛んで引っ張り振り回す。イライラしながらも、私はどんどん作業を進める。私に遊んでもらおうと必死のハリーを無視するのは忍びないが、そうでもしないと掃除なんていつまで経っても終わらない。掛け布団とまくらをベッドの上にきれいに畳んで重ねていくと、嫌がらせのようにその上にハリーは座り込む。これは想定内だから、自由にさせておく。寝室の床に放り出された子どもたちのゲーム機やタブレットを拾い上げ、充電コードに繋ぐ。この作業はとても大事だ。帰宅後、充電されていないと「え！なんで充電してくれなかったのさ！」と、ブーイングを浴びることになるからだ。自分たちで充電コードぐらい繋ぎなさいと、もう何回言ったかわからない。それでも毎朝、ゲーム機やタブレットは床に転がっている。まったく男児ってのは……と、ここでもうんざりしながら、もう一度ベッドの上を確認して、シーツをぴしっと伸ばしていく（ハリーは文鎮のようにその上に座っている）。最後に寝室の床に掃除機をかける。これが終わると、やっと気分がすっきりとしてくる。

次はリビングだ。当然ハリーは私についてくる。まずは床に掃除機をかける。ハリーの毛はとてもよく抜けるので、掃除機だけでは足りず、床用ワイパーで念入りに拭く必要もある。ハリーをよけつつ隅々まで掃除機をかけて、拭き掃除をすると、やっとフローリングがきれいになる。ハリーのフードボウルと水入れもついでに洗ってやる。ハリーはそれを見て、もう一度ドッグフードをもらえるのではと期待するようだが、残念ながら、その期待に応えることはできない。朝のごはんは、散歩の後に食べたでしょとボウルを舐めるハリーに話しかけながら、キッチンのシンクに残る、わずかな洗い物もついでに片付けてしまう。このまま夕食の仕込みまでしてしまおうかと悩むところだけれど、いやいや、やっぱり掃除が先だと階段へ急ぐ。

ハリーが頻繁に昇り下りする階段にも、ふわふわの毛はたくさん落ちていて、踏み板の両端にふんわりと積もっている。一日でこうなるのだから、ラブラドール・レトリバーは抜け毛が多い犬だなあと毎朝思う。換毛期ともなると、ただでさえ多い抜け毛の量は倍になる。その黒いふわふわを丹念に掃除機で吸い上げるのが、なんとも気持ちがいい。掃除機のサイクロンの中を、ハリーの毛がくるく

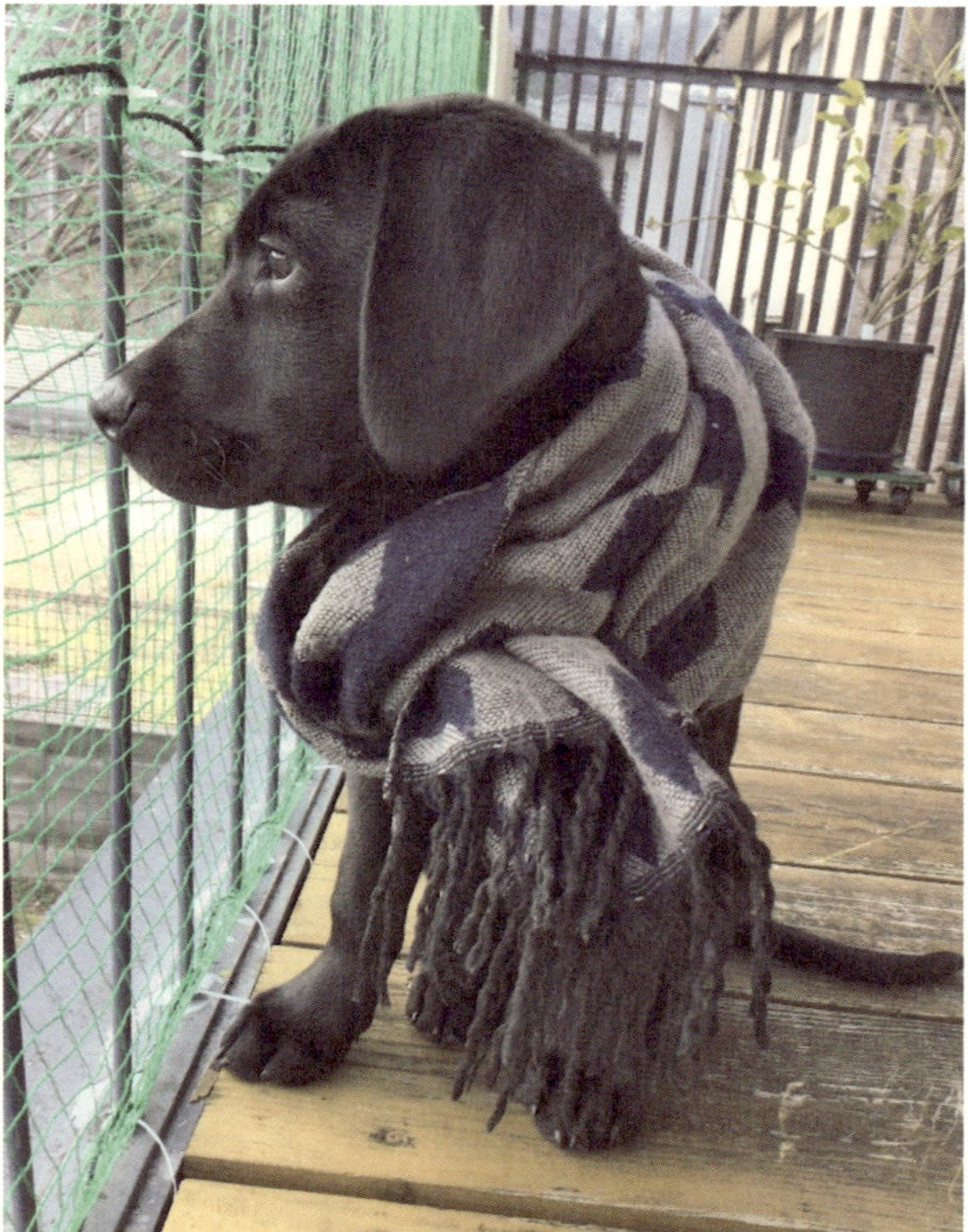

る回ると、とんでもなく愉快な気分になる。ハリーはやかましい掃除機が苦手なようで、すこし離れた場所に座って、自分の抜け毛を嬉々として吸い取っている飼い主の様子を、じっと観察している。

階段に掃除機をかけながら下まで降りて、一階を掃除しはじめる私を、頭を少し下げ、階段の一番上から観察しているハリーは、まるで早く終わって欲しいなあと言わんばかりの表情だ。眉間にしわが寄っている。待ちきれなくて、ぷいっとどこかへ行く時もあるが、やっぱり私のことが気になるようで、すぐに様子を見に戻ってくる。私もそんなハリーが気の毒になり、早めに掃除を切り上げる。

家全体がだいたい片付いたら、今度は冷蔵庫の中身のチェックだ。冷蔵庫に近づくと、当然のようにハリーもついてくる。あの大きな箱から何かおいしいものが出てくるのではないかという顔をしている。その日の献立に足りない食材をメモに書き込んでいき、ついでにハリー用のフルーツや野菜も書き込む。犬用ジャーキーが切れていたら、それも書き込む。夫はいつも、「犬の方がいいもの食ってないか?」と言うが、あながち間違いではない。期待感でいっぱいのハリーに、野菜室からきゅうりを一本取り出して、与えてやる。ハリーはバリバリと音を立て、あっという間にそれを食べてしまう。

メモを持ってリビングにある作業用デスクに座り、食材以外にも何か足りないものはなかったかと、エスプレッソマシーンで淹《い》れたばかりのコーヒーを飲みながらしばし考える。この時も、ハリーは私の足元にぴったりくっついている。イスに座った私の膝の上に、大きな顔をどすんと乗せて、上目遣いに私を見ている。追加のおやつを要求しているのはわかっているけれど、私は知らんぷりしてメモに視線を落とし、ペンを動かし続ける。そのうち、どうしても待てなくなったハリーが、前脚をぶんぶん振り回しはじめる。頼んでもいないのに、勝手にお手をしているのだ。むなしく空を切るハリーの特大の前脚と、必死な表情がとんでもなくかわいくて、あとひとつだけだよと追加のおやつを与える。毎朝、ハリーのかわいさにやられてしまう。

そして、家族が家を出てから約一時間後の朝の九時頃、ようやく私は仕事をスタートさせる。仕事をする時はテレビもつけず、音楽を流すこともないので、リビングに聞こえているのは私のキータッチ音だけである。三ヶ月の子犬の頃からそのカチャカチャという音を聞き慣れているハリーにとって、それは子守歌のようなものなのだろう。ハリーは安心した様子で、ぐっすりと眠りはじめる。ここから午後二時頃まで、ハリーは時々目覚めて水を飲んだり、ベランダに出たりする以外は、静かに眠り続ける。

もちろんこれは、百点満点の日のわが家の様子だ。暑い日は掃除も適当になり、雨の日は洗濯をサボることもある。ランチの後に眠くなったら、ハリーの横で昼寝をしてしまう。まさか私がそんなに働き者であるはずもない。苦しいことより、楽しいことが大好きだ。仕事をするよりは、できれば本やマンガを読みたい。翻訳の仕事は、順調に進む日ばかりではない。むしろ、進まない日の方が多い。頭を抱えて悩みながら必死にがんばったって、一ページも書けない日もある。開きなおって、何も書かない日さえある。でも、ハリーが私の後をついて歩くのをサボる日は一日としてない。ハリーはとても真面目で、勤勉で、愛情深い犬だからだ。

ハリーに成犬としての落ち着きが出て、家族との間に強い関係を築きはじめたのは、わが家に来てちょうど一年が過ぎようとしていた時だった。トレーニングセンターにも通いはじめ、酷い引っ張り癖もゆっくりと直りつつあったし、一匹で留守番することができないという「分離不安」も、多くの犬たちとふれあうことで、改善されつつあった。家族とハリーの生活のリズムがぴたりと合い、愛情

が深まり、互いの存在が不可欠になっていった。これで何もかもうまくいくと信じて疑わなかった。それなのに、平穏であった日常が、大きく崩れる日がやってきた。突然私が体調を崩してしまったのだ。私にとっては青天の霹靂《へきれき》のような病気の発覚だったし、それは家族にとっても同じだっただろう。ハリーに至っては、それまでの生活が突然変わってしまい、戸惑いと不安しかなかったと思う。

最初の二週間強の入院で体調はある程度回復したものの、結局、手術を受けなければならないことがわかった。それも、家からはかなり離れた場所にある病院に転院、そして再入院し、手術を受けなければならない。それは私が一ヶ月以上家を留守にするということであり、家族がバラバラに暮らさなければならなくなるということを意味した。結局、二回の入院と手術を経て、私が家に戻ることができたのは、病気発覚から三ヶ月後のことだ。家族にとっても、ハリーにとっても、大変なことばかりが続いた数ヶ月だった。それでも、多くの人たちの協力を得て、私たちは再び元の生活に戻ることができた。

私がとうとう家に戻った日から、ハリーはそれまで以上に私にぴったりと寄り添ってくれるようになった。私が階段を昇りはじめると、何度も振り返って歩調を合わせてくれた。私が立ち上がると、眠っていても必ず一緒に立ち上がって私の顔を見る。体力がなかなか戻らず、ベッドで休むことが多い私に付き合い、いつも隣にいてくれた。まさかハリーが、私が病んだことを理解していたとは思わないが、私のことを気にかけていることは間違いなかった。

手術後の精神的に不安定な時期を、ハリーと一緒に過ごすことで乗り越えることができたのは、私にとっては幸運だった。これから先、どのように暮らしていけばいいのか、もし、万が一、命を落としていたら家族はどうなっていただろうと、大きな闇に突然飲み込まれそうになる時があった。その度に、私はハリーの優しげな瞳や、前脚のずっしりとした重さ、大きな背中の温かさに助けられた。この素晴らしい相棒を、最後の最後まで幸せにしてやらなくてはならないのだから、前に進まなければと考えることで、私は幾度となく気持ちを立て直すことができた。

自分が病気になってしまったことへの悔しさや闘病の辛さは、退院後にハリーと過ごした数ヶ月で、どこかへ消え失せてしまったように思う。私の心を覆い尽くしていた黒くて濃い霧のような不安感は、ハリーが、あの大きな体の中に、すべてあっという間に吸い込んでくれた。静かな部屋でハリーと一緒に座っていると、自分の心の中が晴れていくのを感じることができる。今、私の心の中に広がる爽やかな青空は、ハリーがもたらしてくれたものだ。私が手を伸ばすと、ハリーは前脚をその手にそっと重ねてくれる。私が呼ぶと、必ず側に来てくれる。ハリーは何も言わないけれど、きっと私のことをすべて理解してくれているのだと思う。

私とハリーの一日は、今も以前と変わらない。一人と一匹で、静かに繰り返すなんの変哲も無い日常から得られる幸福を、噛みしめるようにして日々過ごしている。毎朝私は、以前と同じように掃除や洗濯をして、ハリーはそれを私の横で眺めている。仕事をはじめれば、やっとこの時間が来たかとでも言いたげにハリーは私の足元に寝転がり、やがて静かに寝息をたてる。ハリーは、以前のハリーと何も変わらない。だから私も、自分に起きたことなんてすっかり忘れ、何ごともなかったかのように生きていればいいのだと思えてくる。

動物とともに暮らす喜びは、何物にも代えがたい。私たちが与えるよりも、ずっとずっと多くを彼らは与えてくれる。彼らの愛情は、何よりも確かで、力強いものだ。真っ黒のぬいぐるみのようだった子犬のハリーは、逞《たくま》しく、頼りがいのある成犬となって、私と家族を見守ってくれている。

# ハリーといた日々　文庫版あとがき

ハリーのいないはじめての夏が終わった。

泳ぐのが得意な犬で、春から夏にかけては毎日泳いでいた。寒い時期でも、週末になると砂浜に雪の積もる極寒の琵琶湖に行っては、体から湯気を出しながらざぶざぶと水に入っていた。長い枝を一心不乱に集めていた。家に戻ると満足そうな顔をしていた。たっぷり食べて、部屋の隅で静かに寝ていた。どれだけ撫でても、迷惑そうな顔をすることなど、一度もなかった。どんな犬よりも強靭で、どんな犬よりも優しかった。そんなハリーが、二〇二四年三月末、この世を去った。肺がんだった。七歳という若さだった。体重を減らすこともなく、大きくて筋肉質の体格のままで去って行った。前日まで大好物のカステラを食べていた。

最後まで外でのトイレにこだわって、荒い呼吸をしながら玄関までヨロヨロと歩き、そのまま倒れて息絶えた。一度も鳴き声を上げることなく。

ハリーがいないはじめての夏、わが家に新しい仲間が加わった。ゴールデン・レトリバーのテオだ。保護犬で、一歳のオスだ。ハリーが長年お世話になっていたドッグスクールに保護されていたテオに家族をと考えたトレーナーさんが、私に声をかけてくれた。

ハリーの喪失を埋めることはできないかもしれないけれど、助けを必要としている子を見に来ませんか。

こんなメッセージを受けとったときは迷ったが、とりあえず、保護されて数か月というテオに会いに行き、そのまま連れて戻って来た。数週間のトライアル期間を経て、テオはわが家の犬となった。体はハリーより一回り大きいが、体重は二十キロも軽い。最初の数か月は大人しく過ごしていたが、そのうち本領を発揮してきて、家中の家具を噛み始めた。運動量も多く、食欲も旺盛だ。吠え声もと

ても大きい。ハリーが子犬のときとまったく同じだと言っていい。大型犬の飼育は大変なことばかりだが、特に幼犬のときは苦労が多い。ハリーのときで十分経験していたというのに、またもや懲りずに大型犬を迎えてしまった。大変だと言いつつも、明るい性格のテオを見ていると、迎え入れることができて良かったと感じる私もいる。

それでも、ハリーのことを想わない日はない。冷静で、穏やかで、大らかだったハリー。真っ黒の被毛が美しくて、筋肉質で、頼もしい犬だった。大きい体には似つかわしくないような優しい気持ちの持ち主で、どんな犬とも仲がよかった。人間が大好きで、わが家にやってくる編集者にもすぐにお腹を見せるような子だった。ハリーがいたからこそ、私は大病を乗り越えることができた。ハリーがいつも側にいてくれたから、私は諦めずに仕事をすることができた。ハリー、顔が真っ白なおじいちゃんになるまで、私の側にいてくれるとばかり思っていたよ。私を残して行ってしまうなんて、ひどいじゃないか。

ハリーを飼うことができた喜びよりも、今はハリーを失った悲しさのほうが強い。どうにか戻ってきてくれないかと、亡くなってから半年以上も経過したというのにあきらめ切れない。それでも、前を向かなければならない。テオがやってきてくれたのだから。

ハリーが亡くなる前日に、少しだけ一緒に歩いた。何百回も歩いてきた山までのコースをゆっくりと進み、「死んでしまったら、あの山の上に行って、ずっと見ててね」と話して、頭を撫でた。ハリーは私の顔をいつものように見上げていた。

ハリーは今も、わが家のすぐ近くの山の上で、きっと私のことを見てくれていると思う。そう信じながら、同じ散歩コースをテオのリードを引き、毎日歩いている。

本書は、二〇一八年九月に、亜紀書房より刊行されたものです。文庫化にあたり、新たな写真を加え、「ハリーといた日々　文庫版あとがき」を書き下ろしました。

ちくま文庫

犬《きみ》がいるから

二〇二四年十二月十日　第一刷発行

著　者　村井理子（むらい・りこ）
発行者　増田健史
発行所　株式会社　筑摩書房
東京都台東区蔵前二—五—三　〒一一一—八七五五
電話番号　〇三—五六八七—二六〇一（代表）

装幀者　安野光雅
印刷所　ＴＯＰＰＡＮクロレ株式会社
製本所　加藤製本株式会社


ISBN978-4-480-43989-5　C0195